實戰UX
工作現場

創造更有價值的產品與服務

松薗美帆,草野孔希 著

沈佩誼 譯

SHOEISHA

はじめての UX リサーチ

(Hazimete no UX Research : 6792-3)

© 2021 Miho Matsuzono, Koki Kusano

Original Japanese edition published by SHOEISHA Co.,Ltd.

Traditional Chinese Character translation rights arranged with SHOEISHA Co.,Ltd. through JAPAN UNI AGENCY, INC.

Traditional Chinese Character translation copyright © 2022 by GOTOP INFORMATION INC.

前言

這是一本實踐使用者經驗（UX）研究的入門書。「聽說過『UX 研究』這個詞，但不太清楚具體內容……」、「我想嘗試一下 UX 研究，應該從何處開始好呢……」除了腦中出現這類想法的人以外，還有一些人的煩惱是：「雖然已經開始進行 UX 研究了，但說真的，我對實作方法沒有自信……」。筆者希望能為這些人提供助力，因此將實務工作中獲得的 UX 知識與洞察統整成一本書。當讀者準備踏出第一步，或是持續進行 UX 研究時，都能將這本書當作如同導師的存在，放在身邊隨時翻閱參考。

本書的創作思路以「哪怕是一個人也能從小處實踐，並且持續進行」的形式構成，同時收錄各式 UX 研究的真實案例。針對至今為止經手過的實際案例，筆者盡可能鉅細彌遺地重現「我在什麼樣的情境下產生了何種思考與想法，因而進行了 UX 研究」的具體細節。當讀者體會到「原來這就是 UX 研究的實踐方式」後，能夠加以學習如何一個人從小處開始持續實踐，並根據需求擴大 UX 研究的規模。

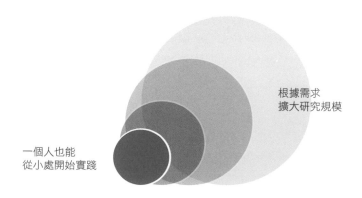

根據需求
擴大研究規模

一個人也能
從小處開始實踐

為何撰寫本書

迄今為止，筆者與數百名參與使用者經驗調查的受訪者一起實踐了 UX 研究。我們在提供智慧型手機支付服務的株式会社メルペイ（Merpay, Inc.）擔任 UX 研究員，從事支付服務的開發工作。此外，筆者也經營一項副業，提供關於 UX 研究的顧問指導服務。我們將這些經驗中獲得的見解與洞察分享在 UX 研究社群和研討會中，與同行們互相交流學習。為了讓更多人認識並發揮 UX 研究的價值，我們懷抱以下 2 個目標撰寫本書。

目標 1：令人確切體會到 UX 研究的價值

一言以敝之，UX 研究就是「針對使用者經驗（UX）進行調查」。在服務開發的現場中，筆者親身體會到了 UX 研究擁有許多效益。比方說，藉由更深入瞭解使用者，我們可以獲得新的洞察，做出更加完善的決策，並進一步提升團隊成員的創造力。另一方面，在日本國內關於 UX 研究的知識與討論度還不夠充足，人們尚且難以想見其蘊含的非凡價值，或者人們會下意識認為進入門檻很高。如果換個角度思考，當越來越多人願意開始投入 UX 研究，那麼 UX 研究將更能充分發揮其價值。因此，本書不僅僅只介紹關於 UX 研究的概念，而是更多地著墨於 UX 研究的實際案例。如果這本書能鼓勵更多人開始投入 UX 研究，讓其發揮價值並幫助人們做出更好的決策，這將是筆者莫大的榮幸。

目標 2：開始實踐並持續進行 UX 研究

市面上以 UX 研究為主題的優秀著作族繁不及備載。不過，人們仍會感覺 UX 研究的進入門檻很高，我時常被問到：「如果我想嘗試 UX 研究時，你有沒有推薦的入門書呢？」。因此，本書的目標之一是幫助人們更容易展開 UX 研究，讓人更輕鬆地踏出第一步，

並且持續實踐與投入。我們將盡可能詳盡介紹目前為止實踐過的 UX 研究案例、知識與洞察。舉凡筆者實際開始進行 UX 研究的前後脈絡、整體工作過程以及具體的推進方法，還有為了吸引更多同伴一起進行 UX 研究而促成的穩健工作方法與組織架構等主題。

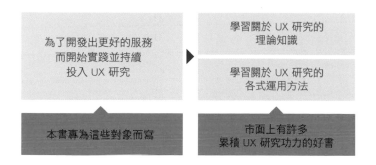

貼近 UX 研究實踐者的煩惱

本書是筆者一邊梳理過去幾年下來積累的工作經驗，並一邊傾聽 UX 研究實踐者的煩惱而寫成。比方說，筆者曾在「UX BIG BANG」活動中舉辦工作坊，以及網路社群互相交流的過程中，陸續觀察到 UX 研究實踐者們迄今為止遇到的障礙和眼前所煩惱的問題。我們發現，單單介紹 UX 研究的理論知識並不足夠，更重要的應該是分享能幫助人們應用到服務開發的技術知識（know-how）。另外，我們也確實感受到了有些人認為「周遭很少有人能教我關於 UX 研究的內容，也很少能見證 UX 研究案例」的這一煩惱。因此，本書內容結合了筆者的親身工作經驗，具體詳盡地紀錄了在實際的服務開發場景中如何運用 UX 研究並進行實踐的事例。另外，為了幫助讀者在實際生活中運用本書所敘述的內容及方法，讀者可以透過以下連結中，下載筆者實際使用的 UX 研究範本（具體內容請參考本書附錄）。

誰該閱讀這本書？

不論行業和職位類別，不管是首次嘗試 UX 研究的人，或是已經開始實踐了 UX 研究的人，這本書都是幫助人們更有效率展開 UX 研究的實用參考指南。

當人們展開 UX 研究，而腦中浮現「接下來該怎麼辦？」的煩惱時，本書設想了幾個有助於解決煩惱的關鍵重點。我們將 UX 研究中最具代表性的需求和煩惱分為 5 大階段，化為具體文字提供人們參考。「目前的情況應該是處於哪一個階段呢？」請一邊思考著這個問題，一邊閱讀本書，這麼做能夠更有效地幫助各位吸收關於 UX 研究的知識。在符合讀者自身情況的階段中，如果本書能夠幫助各位踏出下一步的話，這將是筆者的榮幸。

本書所設想的實踐階段

本書將「實踐 UX 研究並持續進行」這項過程，從「即使周遭沒有人能夠教我的情況下也能開始做 UX 研究」，直到「自立自強地持續進行 UX 研究」等，依序劃分為五大階段。大致來看，這五大階段可分為基礎部分和應用部分。基礎部分的內容可以幫助讀者掌握進行 UX 研究的心態、知識、推進方法。應用部分的內容則有助於進一步提高 UX 研究的功力，也有助於將 UX 研究加以推廣到組織中。接下來，筆者將簡單介紹一下各個階段。

階段	主要需求或煩惱	對應章節（Chapter）							
		1	2	3	4	5	6	7	8
Stage 1 想了解什麼是 UX 研究	● 自己一個人也能進行 UX 研究嗎? ● UX 研究到底是什麼?	◎	◎					○	
Stage 2 想嘗試實踐 UX 研究	● 雖然想自己試試看,但具體來說該如何處開始才對呢?			◎	◎	○		○	○
Stage 3 想增加 UX 研究功力	● 雖然對 UX 研究有一定的認識,還能做些什麼來提升實力呢?				◎	◎		○	○
Stage 4 想推廣 UX 研究	● 雖然一個人也能投入其中,如果想讓周圍的人們一起加入 UX 研究,我該怎麼做呢?					◎	◎	○	
Stage 5 想共享 UX 研究的學習成果	● 雖然團隊已經在進行 UX 研究,該如何將知識經驗共享到更大的組織中呢?						○	○	◎

（左側標註：Stage 1～Stage 3 為「基礎部分」，Stage 4～Stage 5 為「應用部分」）

Stage 1 想了解什麼是 UX 研究

位於這個階段的人們煩惱著「想更確實把握使用者的喜好,更有效地促進服務開發,但我不知道具體做法」。在為此煩心的時候,人們碰巧知道了「UX 研究」這個關鍵字。但是,總感覺「進入門檻很高,也不知道怎麼開始才好,效果也還是未知數呢」、「也許 UX 研究不是份內工作之餘可以嘗試的東西,況且自己一個人可能也辦不到。」種種想法浮現腦中,令人望而卻步。

在這個階段,讓我們先從瞭解關於 UX 研究的基礎知識與觀念開始。

➡ 請翻閱 1 章、2 章、7 章

Stage 2 想嘗試實踐 UX 研究

掌握了 UX 研究的基本概念和價值之後，腦中開始萌生「不妨自己嘗試看看」的念頭。此外，這個階段的人們會興起「正職工作之餘一個人也可以從小處做起」的想法。然而，人們對於具體該如何實踐 UX 研究沒有自信。「該如何尋找受訪者呢？需要準備同意書嗎？使用者訪談中的問題該如何設計？應該準備什麼樣的工具呢？」等等許多疑問浮現人們的腦海。如果這時手邊出現可推進 UX 研究的基本流程或參考範本就太好了。

在這個階段，我們會學習如何開始實踐 UX 研究，就算是規模很小的計畫也沒無妨，誠心鼓勵各位讀者實際嘗試看看。

➡ **請翻閱** 2 章、3 章、4 章、6 章、7 章

Stage 3 想增加 UX 研究功力

一個人試著開始做了小規模的 UX 研究，獲得了符合自己期望的回應與成果。此外，根據實際成果，人們開始分享關於 UX 研究的效益，因而出現了幾位對此產生興趣並願意參與 UX 研究的同伴。另一方面，「關於這個部分，還有其他更好的做法嗎？」等疑問紛紛出現，「還有哪些可用策略或手法呢？」，人們也開始好奇「能不能進一步提高 UX 研究的運用效率？」。

在這個階段，讓我們更深入認識 UX 研究的設計方法和手法，同時努力瞭解如何制定 UX 研究的架構。

➡ **請翻閱** 2 章、3 章、4 章、6 章、7 章

Stage 4 想推廣 UX 研究

此時的人們吸收了各種知識，並且進行實踐，根據專案的具體內容選擇恰當方法，進而有效地展開 UX 研究。在這個階段，人們可以針對「為什麼在這種情況下進行那項研究」的問題給予合理且適當的回答，也對持續實踐 UX 研究有了信心，而且出現「想把 UX 研究進一步推廣到組織中」的念頭。人們眼前的課題是「該如何吸引其他人呢？怎麼做才能讓他們對 UX 研究的價值感到共鳴，進而增加願意投入 UX 研究的人呢？」。

在這個階段，讓我們致力於進一步完善 UX 研究的架構，讓 UX 研究的非凡價值滲透到組織中。

➡ **請翻閱 5 章、6 章、7 章**

Stage 5 想共享 UX 研究的學習成果

雖然 UX 研究的文化在組織中逐漸萌芽，但從整體來看，實踐 UX 研究的人仍是少數派。為了進一步提升個人的 UX 研究功力與心態，人們希望「能夠跨組織和 UX 研究的實踐者共同交流，分享彼此的心得與經驗」。

在這個階段，為了提高 UX 研究的專業知識與技術，讓我們一同創造有助於實踐者們互相砥礪學習的環境。

➡ **請翻閱 5 章、6 章、8 章**

目錄

Chapter1
掌握 UX 研究的方法

Chapter2
開始 UX 研究的方法

Chapter3
UX 研究的設計方法

Chapter4
UX 研究的方法

Chapter5
UX 研究增加同伴的方法

Chapter6
將 UX 研究應用到組織設計

Chapter7
UX 研究的實際案例

Chapter8
共享 UX 研究的實踐知識

第 1 章

掌握 UX 研究的方法

為什麼 UX 研究很重要？

什麼是 UX 研究？在哪些情況下能發揮效果呢？閱讀本章內容，讀者可以探索「為什麼我們需要進行 UX 研究？」這一大哉問，在日後被問到這個問題的時候，也能夠按照自己的想法進行說明。另外，在不同的使用情境下，會有相應的 UX 研究方法。且讓我們進一步瞭解可以用哪些分類方法，認識 UX 研究的整體面貌，幫助我們更容易地根據具體情況選擇適合的應用手法。

目標階段	1	2	3	4	5
本章可幫助讀者	瞭解 UX 研究的基本概念 瞭解且足以說明 UX 研究的價值				

什麼是 UX 研究？

「UX」和「研究」這兩個詞語所指涉的意涵與含義非常廣泛，所以「UX 研究」一詞實際上可以理解為各式各樣的意思。筆者想在此給出符合本書內容的明確定義。

首先，根據 ISO9241-210[*1] 的定義，所謂「UX（User Experience，使用者經驗）」指「使用者在使用或參與產品時，所產生的感受與反應」（本書將產品也視為一種服務）。因此，UX 不一定僅限於指代使用者介面（UI）。另外，使用者體驗設計（通常簡稱 UX 設計）則是以此概念為中心的一套設計流程。

再來是，「研究（research）」相當於中文的「調查」，意思是「清楚掌握事物的情況」。綜上所述，本書將「UX 研究」定義為「針對各個場合情境中，人們的看法與反應（UX）進行調查，明確掌握具體的情況。」

> *1：ISO9241-210（關於以人為本的人機互動設計之國際標準）：
> https://www.iso.org/standard/77520.html

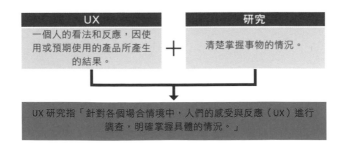

如上所述，在各式各樣的情境中，人們會隨之產生相應的感受和反應。至於一個人會表現出什麼樣的主觀感受和反應，會根據這個人至今為止的生活經驗與和情境脈絡而有所不同。因此，UX 研究的

對象涉及人們的生活本身、現有的服務、新提出的點子、正在開發的服務等多個面向。在調查任何對象時，UX 研究的特色是始終聚焦在使用者本身的經驗與感受。另外，關於 UX 研究的對象，我們將在本章的〈針對 UX 要素的研究〉一節中進行更詳細的解說。

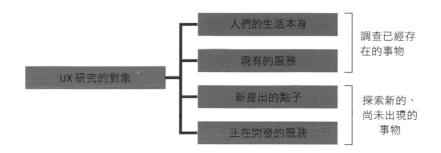

在企業組織中，不要僅僅執行 UX 研究，加以善用研究結果也很重要。例如，可以在組織中設立討論研究結果的場合，作為「引導者」去落實共同討論的成果 [*2]。我們將在第 3 章介紹更詳細的內容。

*2：引導（facilitation）指「在組織或團體中為了達成目標或任務，提供流程上的引導，並採取中立立場促進工作順利開展」。

UX 研究的重要性與日俱增

在人們意識到他們其實使用了「UX 研究」概念之前，就有許多服務是透過聆聽使用者心聲，進而開發、改善並提升服務，這類成功的服務並不少見。那麼，為什麼還是會有「UX 研究是必要的」這類聲音出現呢？這是因為時代日益變化，以使用者經驗為焦點的服務形成主流。在過去，市面上的產品或服務並不如雨後春筍般繁多，如果出現了一個功能豐富且效能優異的服務，有很大機率獲得市場高度青睞，備受消費者歡迎。但是，時間來到 2021 年，這個

時代裡存在著人們窮盡一生也使用不完、體驗不完的服務與產品。另外，這也是一個即使努力開發新功能，致力提高產品效能，也可能馬上被其他公司迎頭趕上，競爭異常激烈的時代。在這樣的時代背景下，與其他產品與服務相比，最能打動人們持續使用某一個服務的誘因正是，便於使用且體驗品質優異的服務。而且，以獲得良好的使用者體驗為前提，評估某項服務對於人類社會與地球環境是否有益，判斷該項服務是否符合永續性的理念，由廣大使用者主動選擇服務的時代已然來臨。

重視服務的價值

功能	實現必要功能	重視系統的穩定品質
效能	以新技術或更優異的效能與他牌競爭	
易用性	服務對於使用者的易用性	重視人的感受
體驗（UX）	重視使用者體驗的品質	
永續性	除了重視使用感受以外，也著眼於服務或產品的永續性	考慮除了使用者以外的更多面向

另外，一年比一年更加激烈的市場變化也加劇了這種趨勢。比方說，在筆者開始執筆本書的 2020 年，由於新型冠狀病毒肆虐，整個社會在一夕之間發生了天翻地覆的變化。以筆者從事的行動支付市場來說，對比 2019 年和 2020 年，行動支付的使用率就發生了大幅度的變化 [*3]。在這些劇烈的變化之中，有些事情是以過去的常識和調查結果也無法合理解釋的。

隨著提供行動支付服務的商家越來越多，使用者的多樣性也不斷增加。比如，當我們想針對「20 多歲的大學生、獨自生活的男性」這一屬性的人進行調查，在這些人之中，有人選擇以現金消費，也有一部人完全使用信用卡支付生活各種開銷，無論是哪種支付方法，人們的理由也是非常多元的。

*3：インフキュリオン「決済動向 2020 年 12 月調 」
https://prtimes.jp/main/html/rd/p/000000024.000031359.html

如上所述，在重視體驗品質、市場風向變化、多樣性極高的情況下，作為提供服務的商家來說，要推測或想像什麼樣的人會在哪些情況下使用服務，這件事變得越來越困難。在這樣的時代背景與社會脈絡下，UX 研究的重要性更加不言而喻。即便認為「我們早就充分理解服務和使用者」，但實際進行了 UX 研究後，人們經常恍然大悟，發現「使用者和我們對服務的理解方式不一樣啊」、「和我想像中的使用者形象截然不同」、「得到了意想不到的全新發現」等收穫。筆者也在智慧型手機的行動支付產業中，每年以 100 多人為對象進行使用者研究，持續感受到使用者偏好、習慣與消費動態等變化，持續獲得全新的學習與回饋。

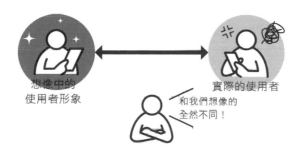

想像中的
使用者形象

實際的使用者

和我們想像的
全然不同！

UX 研究的優點

這一節內容將介紹實踐 UX 研究，深入瞭解使用者所帶來的幾個優點。筆者將從「發布前透過小的失敗獲得學習洞察」、「提升詮釋資料的準確性」、「可應用到組織架構中」等三個面向進行說明。

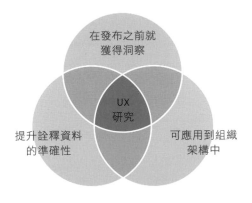

在發布之前透過小的失敗獲得學習洞察

透過 UX 研究，服務或產品的開發人員可以獲得來自使用者的意見回饋，在發布服務之前獲得寶貴洞察，盡可能降低產品或服務發布後面臨嚴重失敗的可能性。在當今時代下，策劃或研擬全新服務的不確定性與日俱增。如果人們無法在發布前確認服務順利推展的可能性，在心理上容易放大對於前景的不安與疑慮，造成工作上的困難。比方說，如果人們對於使用者的認識與理解不夠深刻，就無法順利提出對使用者有價值的想法和點子，開發人員也會擔心進行中的服務是否真的能為使用者帶來幫助。針對這種情況，如果能夠有效利用 UX 研究深入了解，調查目標使用者的生活型態與習慣喜好，或者透過使用「原型（prototype）」*4 的方式向使用者取得回饋。

> *4：將產品或服務的一部分內容用於測試，模仿真實產品的體驗，獲得使用者的回饋

以筆者的經驗來說，自從開始利用 UX 研究的原型製作後，在發布服務或產品前得以掌握使用者的反應，確實減輕了推展服務的不安與疑慮。例如，為了更新 APP 而進行 UX 研究時，同時邀請設計師和工程師加入，根據使用者經驗的研究結果進行討論，讓包括筆者在內的團隊所有成員接受改善建議，並得以推進後續工作。其中，在透過 UX 研究嘗試各式各樣的點子與靈感的過程中，我們能夠獲得來自使用者的意見回饋，更加精練想法與價值主張，為服務的開

發工作創造了極大價值。最後，我們整個團隊充滿信心，以穩健踏實的態度迎接服務的發布階段，在成效上也獲得了良好的結果。

將最起初、最原始的創意點子傳達給使用者，經常會得到不如預期，甚至是相當嚴厲的意見與反應。然而，我們不必因而感到遺憾與沮喪。在正式投入製作過程之前，「透過 UX 研究，獲得學習與洞察」這件事本身就充滿價值。透過持續學習，我們可以持續優化關於產品與服務的發想。

在軟體服務領域中，正式發布服務後卻發現錯誤而必須進行修正的時間與勞力成本異常高昂[5]。有鑑於此，不妨投入 UX 研究，及早修正，盡可能減少不必要的失敗。但是，單單倚靠 UX 研究本身，也不能保證我們得到正確無誤的解決方案。想要推導出適當的解決方案，我們需要以 UX 研究的學習洞察為基礎，審慎斟酌此時應該聚焦在服務的哪一環節，以此為討論基礎，共同集思廣益，方能得出解決方案。

UX 研究的意義在於，幫助我們抱持「增加學習洞察」的心態，以更富創造性地方式打造適切的解決方案。

*5：《201 Principles of Software Development》（Alan M. Davis 著）

正如 ISO9241-210（關於以人為本的人機互動設計之國際標準）所述，設計過程基本上是重複地、迭代地。使用原型設計進行學習，是有效推進產品或服務迭代的一種開發手段。當然，還有一種類似「精實創業」[6]的開發理念，以小規模開發服務並透過快速發布，藉此獲得市場反應與使用者意見。根據情況的不同，好比說「在發布服務之前想要掌握越多使用者需求越好」，抑或是「不趕快實驗，就無法驗證商業假設」，為了獲得開發產品或設計服務之前的必要資訊，請靈活選擇符合情境需求的手段。

*6：在短時間內製作最簡可行商品，實際提供給顧客，觀察市場的反應。一邊確認提供此產品或服務的價值是否被市場接受，一邊進行改善（也可能出現大幅度改變或全面駁回商業假設的情況）。透過這樣快速迭代的產品開發週期，可以更容易地為顧客提供有價值的服務，進而提高新創事業的成功機率。

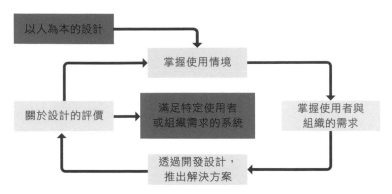

以人為本的設計

掌握使用情境

關於設計的評價

滿足特定使用者
或組織需求的系統

掌握使用者與
組織的需求

透過開發設計，
推出解決方案

在以人為本的設計流程中，UX 研究扮演著「掌握使用需求」與「關於設計的意見評價」這兩個關鍵角色。

提升詮釋資料的準確性

發布服務後，可以獲得真實的使用者紀錄等資料，瞭解使用者實際使用產品或服務的行為。獲得這類資料後，還是會出現「即使聽見使用者的心聲，也不過是一個人的意見」或是「只會用大規模問卷調查的結果強行概括一切」這樣的煩惱。單單只看使用者紀錄和問卷調查結果的話，有時會踩入錯誤詮釋資料的陷阱。

舉個例子來說，假設我們從使用者紀錄中發現「在某個特定時刻，許多使用者都停止使用服務」。這個時候，我們經常根據自身的經驗，推出假設：「這就是造成這種情況的原因嗎？」。接著，我們以這個假設為出發點，提出點子，並試著透過問卷調查獲得人們對這個點子的評價，到頭來卻發現任何假設或點子都沒有獲得預期反應。我們有時就是「不知道哪裡出了錯」。

在這種時候，在提出假設和想法之前，不妨事先邀請幾位使用者，進行「使用者訪談」（user interview）。我們可以學著建立「使用者為什麼會停止使用（產品或服務），在他們的體驗過程中出現了什麼樣的狀況？」等假設。如此一來，既能提高假設的準確度，也能讓靈感的發想變得更容易。如上所述，讀者可以將「UX 研究」

理解為「梳理統整各種資料並進行調查」以及「進而提升詮釋資料的準確性」的手段。

另一方面，對資料進行梳整，必須花費相當多的時間和精力。並不是任何時候都是蒐集越多資料越好。在進行使用者研究時，請正確掌握需要調查的狀況，在符合能力與資源的範圍內進行必要的調查工作。

另外，這裡提到的使用者日誌資料（user log）等資料稱為「量化資料」，透過採訪而得到的資料則稱為「質性資料」（關於這些資料的特色，我們將在本章的〈質性／量化研究〉中進行解說）。

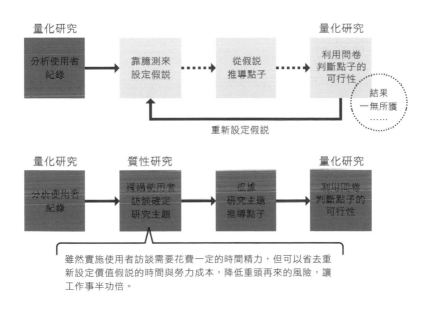

可應用到組織架構中

當產品或服務涉及的範圍變得越來越大，角色分工更加細分，有時難以看到服務的完整全貌。這時，UX 研究就成為了從使用者的角度重新描繪服務全貌和分工方式的良好機會。如此一來，不僅可以

凝聚團隊精神，讓團隊與團隊之間的合作更加緊密圓滑，還可以建立更加完善的組織分配。

例如，對於組織中的相關人員來說，親眼看見使用者實際使用服務的樣子是一種巨大的刺激。使用者看到新服務後脫口而出：「我立刻就要使用！」或是毫不遲疑地表現出「完全不需要」的樣子，這些難以用語言傳達的行為舉止也是使用者體驗的其中一環，當這些反應被生動地傳達出來時對於人們的影響是非常巨大的。此外，人們也更容易確實感受到「（我們）是為了這些人打造服務」，為組織裡的相關人員帶來活力與精神上的鼓舞。同時也能創造一個對話平台，幫助人們更好地詮釋研究結果，引導與落實討論結果，更利於打造高效運作的組織。當 UX 研究完整發揮其價值，可以幫助組織中的相關人員跨越自身的工作角色，站在使用者的角度進行真誠的討論，為使用者打造更優異的使用體驗。

另外，如果能夠吸引相關人員持續實踐與累積 UX 研究的知識洞察，更能夠打造一致的使用者形象，更容易讓使用者體驗的立場與想法達成一致，進而提升創意發想與研究調查的準確性與效率。實際上，筆者也曾不只一次說出「正是因為在過去進行了 UX 研究，所以才能夠實現這個創意」這樣的話。透過 UX 研究而獲得的關於使用者的洞察，雖然不能立即直接影響想法和決策上，但從長遠的角度來看，這些寶貴的洞察仍然可以被應用於打造更完善的組織。因此，筆者建議在進行 UX 研究時，不僅要驗證假說，也要留出一些理解使用者生活型態和想法的時間。這個時間可以是整個使用者調查過程的 20 至 30 分鐘。首先詢問「使用者是什麼樣的人」、「如何使用服務」、「在什麼樣的情境下使用服務」等關鍵問題，為了幫助相關人員提升他們對使用者的認識，請有意識地加這些問題納入 UX 研究過程。

另一方面，需要注意的是，不要為了便宜行事而濫用 UX 研究的結果，好比「只截取片面調查結果」或是「某位受訪者的意見被過度青睞」等情況。因此，為了在組織中充分利用 UX 研究的結果，必須站在中立的角度引導討論，打造正面的環境也是一項要務。

使用者

相關人員

幫助相關人員提升他
們對使用者的認識，
進而讓使用者形象變
得更加一致。

UX 研究作為一種工作手段

UX 研究可以作為一種打造更好服務的工作手段。但這並不是說，只要進行了 UX 研究，就能夠百分百打造出人人稱道的優異服務。重要的是要將透過 UX 研究掌握到的資訊，準確地傳達給組織的相關人員，並加以運用於討論和決策過程。例如，不僅僅是總結結果，同時為了讓大家對於使用者的感受更感興趣，因此在撰寫研究報告時對內容進行梳理並整理摘要，讓報告變得更具有引人一讀的吸引力。

除此之外，還可以安排或主持會議，刺激各方活躍參與討論。在筆者的職場經驗中，採用快速迭代和驗證的設計開發流程，UX 研究也順應這個工作節奏發展出相近的流程架構。關鍵在於，根據組織的工作方式以及討論和決策的時機，加以善用 UX 研究的結果。

付出相應努力，發揮 UX 研究的價值

整理研究結果 ▸ 下功夫讓調查結果變得更能引人一讀 ▸ 打造可善用 UX 研究結果的環境

選擇並運用合乎組織設計流程的 UX 研究

另一方面，與明確探究使用目的的研究調查相比，由於 UX 研究更加重視速度和時機，有時會省略流程中的部分手續，因此不可避免地會面臨取捨的情況。例如，照理說應該從使用者訪談中得到的所有資料進行詳細分析，但礙於時間壓力或其他因素，很可能出現只針對與研究主題密切相關的資料進行分析的情況。雖然分析效率會提高，但另一方面，在提取資料時可能會發生便宜行事的狀況。雖然說是根據目的而使用資料，但也不能忘記在研究過程中刪減了哪些步驟，必須認真將研究品質納入考量。

最後，在不斷提高 UX 研究功力的過程中，有時你會想要嘗試以前從未使用過的全新方法。但是，這時我們應該優先考慮的是，這個新方法是否完全符合此時的服務開發與設計情境？請將 UX 研究的目的放在第一位，不要因而故此失彼。在明確掌握目的的前提上，再來考慮「該使用什麼樣的手法比較好？」即使是異常棘手的決策，也不見得就需要最複雜的 UX 研究方法。如果簡單易行的手法能夠助你達成目標，那麼就應該毫不遲疑地選擇它。針對上述目的，我們將在第 3 章中介紹如何搭配與選擇 UX 研究的方法。

根據狀況與目的選擇適當的研究週期

UX 研究應該選擇多長的週期，才能符合或提升成本效益，端看我們所處的情境而異。比方說，有一種方法是在單次調查中花費幾個月的時間和數百萬日元的預算，也有另一種方法是花費數十萬日元進行每月一次的使用者調查。以全年的預算設定來看，這兩種方法的預估金額大致相同，但得到的資料性質卻截然不同。

以前者來說，我們可以得到一次性地詳細調查和分析結果。透過可靠細緻的分析，鉅細彌遺地描繪出使用者的特徵，並完整總結出使用者體驗。相對地，更新這類研究結果的週期較為漫長。假如市場風向和使用者偏好發生劇烈改變，此研究週期極有可能跟不上潮流變化。其次，如果是後者的話，每一次只能獲得相對簡易的調查與

分析，大概是簡單總結報告的程度，而這種方法的優點是能夠更頻繁地更新關於使用者的認識。

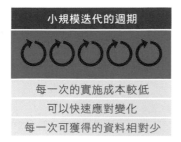
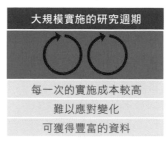

小規模迭代的週期	大規模實施的研究週期
每一次的實施成本較低	每一次的實施成本較高
可以快速應對變化	難以應對變化
每一次可獲得的資料相對少	可獲得豐富的資料

以筆者從事的行動支付產業為例。誠如前文所述，這個產業的變動相當劇烈，短短一年內就可能發生天翻地覆的變化。筆者認為，比較適合採用快速迭代、小規模的 UX 研究的做法，盡可能快速掌握產業脈動。如果資訊無法隨著產業變化而更新，關於使用者的認識與洞察極有可能立刻過時。資料如果維持在舊的狀態，甚至可能對業務產生負面影響。因此，筆者採取每週或每兩週定期迭代 UX 研究的工作節奏。除此之外，我們也會每季一次研擬並決定 UX 研究的主題。這些實際案例將在第 7 章的〈Weekly UX 研究〉（定期迭代 UX 研究）和〈maruhadaka PJ〉（選定 UX 研究的主題）中加以說明。另一方面，單憑一個人從零開始執行這樣 UX 研究的工作架構，可能會令人感到無力應付。請同時參照第 2 章內容，思考什麼樣的方法最能幫助你邁出第一步。

UX 研究的種類

UX 研究有幾種分類方法。掌握了這些不同的研究方法後，有助於理解特定 UX 研究所關注的焦點，也能更容易根據使用情境選擇適當的方法。本書將介紹「探索／驗證式研究」、「質性／量化研究」、「針對 UX 各要素的研究」這三種方法。

探索／驗證式研究

在 UX 研究中,有一種方法是「探索和驗證」。根據目的分別進行探索或驗證,也可以搭配使用這兩者。在單獨實施一種方法的過程中,通常會以驗證(商業假說或靈感發想)為 UX 研究的主軸,與此同時,還可以進行次要的探索任務。

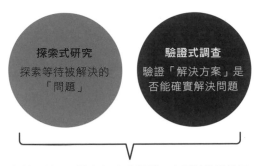

根據目的分別進行探索或驗證,也可以搭配使用。

探索式研究

探索式研究的使用情境是,當我們想要驗證的假設並不明確,不確定使用者的煩惱或痛點是什麼,因此想要探究應該解決什麼問題而進行的調查。換句話說,探索式研究就是尋找能夠為「提出正確問題」提供證據的研究。這裡的「正確性」可以從「對使用者來說是正確的」、「對業務來說是正確的」等幾個觀點進行思考。

在 UX 研究中,大多是以使用者的觀點進行思考。在探索式研究中經常使用的方法有「深度訪談」(詳見第 4 章)。這類研究可以預期的收穫是,得到至今為止都不知道的全新洞察。例如,人們通常會驚訝地發現「沒想到使用者的想法是這樣子的」,或是「沒想到竟然有這樣的生活方式,原來人們會做出這樣的行為」等與過去認知截然不同的結果。

驗證式研究

驗證式研究則是想要驗證我們所做的假設。這是一種針對眼前問題，應該制定什麼樣的解決方案，為了獲得更好的見解與洞察而進行的調查。換句話說，驗證式研究是尋找能夠為「創造正確的解決方案」提供證據的研究。驗證式研究中經常運用「概念測試」和「可用性測試」等作法（詳見第 4 章）。這類研究所預期的收穫是，確認我們所抱持的假說是否得到使用者的支持。例如，我們想驗證的假說內容可能是「我們認為 A 方案很好，但是這個解決方案真的能夠吸引使用者嗎？」，或是「我們相信 B 方案的 UI 帶來更好的使用體驗，但是使用者真的能順利完成操作嗎？」接著，透過原型設計等作法，確認假說內容是否符合實際狀況，並根據研究結果來改進解決方案。

質性／量化研究

此外，UX 研究中還有處理質性資料與量化資料的研究。簡單來說，質性資料是無法直接用數值測量，也無法進行加減運算的資料。量化資料則可以被表示為數值，也可以進行運算。比方說，A 女喜歡蘋果，而 B 男喜歡草莓，這樣的資料屬於質性資料。另一方面，每個月購買多少顆蘋果（比例尺度[7]）、用 1 到 5 判斷對蘋果的滿意度（間隔尺度[8]）等資料則屬於量化資料。

[7]：不只比較數值差異，也重視數值的比例差異是否具有意義。
[8]：數值之間的差異為相同間隔，關注焦點為數值的差異是否有意義。

質性資料和量化資料，兩者之間並無優劣之分，端看是否適用研究目的與情境。有時研究人員會搭配使用，活用兩者的優點[9]。

[9]：在一項研究中同時運用質性資料和量化資料的研究方法，被稱為「混合研究法（Mixed-Methods Research）」。

質性研究

質性資料適合調查使用者實際上在做什麼樣的行動，以及使用者在行動當時腦海中的想法。在 UX 研究中為了得到質性資料，筆者經常採取「深度訪談」的方式。

另一方面，單憑質性資料，我們無法得知數量上的程度，比如事件發生的頻率。舉例來說，「使用者對這個操作已經厭煩到再也不用了」是一種質性資料。而從數量上來看，這個看法也許不過是「100人中只有 1 人這麼認為」的程度。如果從質性資料的分析結果中得到了新的洞察，接下來就嘗試從量化的角度調查訪談結果，提升研究的效益與可靠度。此外，質性研究在蒐集和分析資料時容易引入主觀性，對於資料的詮釋與分析容易因為個人立場而有所不同。同樣地，閱讀分析結果的人也會帶入個人的主觀思考。這些是處理質性資料時必須注意的要點。另一方面，如果謹慎使用這些質性資料，它能刺激多元的思考方式與詮釋角度，因而創造全新洞察和創意發想。

量化研究

量化資料適合調查「在哪裡」、「發生了什麼事」以及「頻率或數量多寡」等問題。此外，我們還可以對量化資料進行分組比較。在 UX 研究中為了得到質性資料，筆者經常採取「問卷調查」的方式。量化研究強調假設，適合用於驗證假說，比方說我們想知道關於產品或服務的點子是否能被接受市場接受，以及潛在的市場規模。在量化資料中，包含使用者主觀回答的主觀資料和 APP 使用紀錄等客觀資料，可根據情況區分使用。問卷調查的結果畢竟是使用者的主觀想法，雖然存在不正確的可能性，但我們可以從中一窺使用者對於服務的滿意度，而這是在使用者日誌資料（user log）中難以捕捉的「想法」。另一方面，日誌資料是一種客觀的數據，可以被準確測量，而我們卻無法揣測或評估使用者的「想法」。在這樣的背景下，即使某項研究只處理量化資料，有時也會結合問卷調查和使用者日誌等多筆資料進行分析，以期更好的研究效益與分析。

光從量化資料來看，其實很難理解「為什麼會發生這種情況」的具體原因。舉個例子，在業務上創造佳績的具體銷售數字就是一種量化資料。與此同時，假如我們蒐集到了另一筆質性資料，也許會驚訝地發現「使用者一邊覺得討厭一邊進行操作，心想以後不會再使用（產品或服務）了」的結果。另外，問卷調查擅長調查我們已知的假設，但很難重新探索我們所不知道的事情。例如，要是僅根據個人揣測與想法來製作問卷內容進行調查，在回收問卷時經常會得到大量回答「其他」的回應，導致後續分析的困難。

	優點	缺點
質性研究 瞭解問題發生的「原因」	● 聆聽受訪者的主觀意見 ● 可詳細蒐集受訪者的心聲 ● 瞭解受訪者的經驗與前後脈絡	● 過於主觀 ● 難以概括 ● 邀請大量受訪者參與的困難度很高
量化研究 瞭解問題在「何處」發生了「什麼」	● 呈現多數人共通的客觀結論 ● 可以重現資料蒐集過程與分析結果 ● 可以調查資料之間的關聯性與因果關係	● 枯燥繁瑣 ● 無法瞭解個別受訪者的心聲 ● 難以掌握受訪者的生活脈絡

針對個別UX要素進行研究

作為 UX 研究的一種分支，可以將個別 UX 要素作為切入點進行研究。UX 研究可以調查的對象與面向相當廣泛，而調查內容越多，就需要越多資源。因此，在進行研究時，必須根據自身情況，明確判斷該從何處下手，在可確保的資源範圍內進行 UX 研究，而「UX要素」可以作為這類研究的思考框架。

UX 要素

根據 Jesse James Garrett 所提倡的《使用者經驗的要素》（The Elements of User Experience）[*10]，關於使用者經驗（UX），我們

可以將其構成要素分層思考，可分為策略層、範圍層、架構層、框架層與表面層這幾個階段。每個階段所涵蓋的資訊抽象度皆有所不同，如下圖所示。這種思考框架能夠幫助我們釐清現在究竟想調查UX 中的哪些部分。

*10：請參考 Jesse James Garrett 個人網站（http://www.jjg.net）。

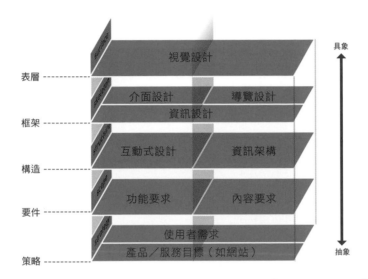

出處：Jesse James Garrett: The Elements of User Experience（http://www.jjg.net）

在討論軟體服務方面的 UX 研究時，想必會有人想到了關於使用者介面（UI）的調查。其實，UI 只是 UX 研究所涵蓋的其中一個要素。在 UX 研究時，有時人們需要執行「應該打造什麼樣的服務目標」、「這裡是否存在使用者需求？」等策略階段的研究調查，有時也會進行「這個功能是否能滿足使用者需求？」等範圍階段的調查。另外，在調查中，也會經常遇到雖然「網頁的視覺設計（表面層）很美」，但是「導覽介面（框架層）令人匪夷所思」等針對不同階段分層的評價。

在以開發服務為目標的 UX 研究中，我們不要只是刻意調查某個特定部分，或是所有層面都想一網打盡，而是要抱持「研究哪個分層的 UX 要素能夠為產品或服務開發有幫助」的觀念。

另一方面，儘管有其必要性，針對策略這種高度抽象的階段進行 UX 研究，意味著很大程度的的不確定性，研究難度也隨之增加。因此，如果想要從小處開展 UX 研究，建議從表面層（視覺設計）和框架層（UI）等階段著手，例如執行可用性測試，從具體的地方開始更容易活用 UX 研究的價值。

UX 時間軸

根據〈UX 白皮書〉[11] 的觀點，如果用時間軸來表示 UX 流程，可以劃分為 4 種期間。分別是「服務使用前」、「使用中」、「使用後」以及「整體使用時間」。即便是同一個 UX 主題，也會根據想聚焦哪個特定部分進行調查而調整詢問使用者的問題。舉例來說，根據安藤昌也等人參考 UX 時間軸的概念而提出的「UX 自我分析工作表」，可以看出 UX 各期間的「提問內容」有很大的不同（見下圖）。

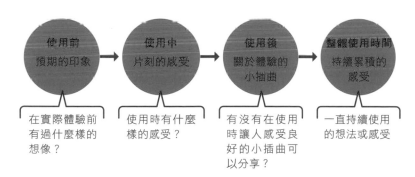

參考來源：部落格文章「UX を理解する第一歩〜自分自身の体験を分析する」
http://andoken.blogspot.com/2017/06/ux_3.html*

*11：UX 白皮書（http://www.allaboutux.org/files/UX-WhitePaper.pdf）

綜合考慮UX要素

筆者將 UX 要素與 UX 時間軸這兩項結合在一起，整理成一個矩陣，以利探索 UX 研究對象。這個矩陣可以幫助我們聚焦討論重心，比如應該針對哪個部分進行調查，讓我們更容易地與相關團隊進行溝通協調。

利用 UX 要素與時間軸整理而成的矩陣，定位 UX 研究的對象

	利用前	利用中	利用後	整體使用時間
表面				
框架				
結構				
範圍				
策略				

舉例來說，如果我們按照此矩陣的兩軸，對第 7 章中介紹的一些案例研究進行整理與分析，如下表所示。「關於策略的研究調查是什麼樣子？」、「如何調查整體使用時間呢？」等，歡迎讀者參閱令你感興趣的案例。

案例	抽象－具體	時間軸
「使用上限金額」的設定功能	框架～表面	使用前～使用中
maruhadaka PJ	範圍～表面	使用前～整體使用時間
轉帳・收款	策略～表面	使用前～使用後
定額支付	策略～表面	使用前～使用後

UX 研究與市場調查

「UX 研究和市場調查有什麼不同？」我經常被問到這個問題。UX 研究和市場調查都屬於一種「調查」，有時也會使用相似的調查方法。關於兩者的具體差異，存在各式各樣的解釋與觀點，筆者個人的判斷方式是根據「理解當事者這個人本身」或「理解市場這個集體」這兩個研究興趣來區分。

UX 研究將關注焦點放在受眾本身，其潛在需求或痛點成為他們使用服務的理由。由於受眾也包含沒有使用服務的人，因此不完全侷限於「使用者」。受眾對特定服務的想法和行動自然是 UX 研究必須探索的主題，另外還包括受眾的生活狀況和周遭環境，以利深入探索更個人的面向。以此為基礎，我們將逐漸理解每個個體之間的共同與差異。因此，在研究手法上會更頻繁運用到聚焦個人經驗的深度訪談等質性研究方法。

另一方面，市場調查著眼於理解「市場」這一個集體。我們會以較宏觀的視角去俯瞰並瞭解針對特定服務的市場是由什麼樣的集體所構成。因此，在研究手法上會更經常運用能夠推測群體的問卷等量化研究方法。

	UX 研究	市場調查
研究興趣	受眾自身	集體市場
範圍與深度	深入瞭解個人感受	廣泛掌握市場全貌
重視焦點	準確理解個人	準確推測市場

UX 研究和市場調查，雖然兩者所側重的研究興趣不同，但它們對於服務的開發與執行都是不可或缺的存在。業界人士經常互相搭配兩種研究，創造相輔相成的效益。比方說，在為市場調查設計問卷內容時，有時 UX 研究得到的洞察也能派上用場。反過來說，以市場調查得到的結果為出發點，人們有時也會透過 UX 研究深入挖掘「產生如此結果」的原因。

不要拘泥於 UX 研究的定義

到目前為止，我們從多個面向說明 UX 研究的執行手法。這並不代表你必須吸收所有知識，嚴格推演所有步驟才能正式開始 UX 研究。正如本章開頭所說，UX 所涵蓋的意義非常廣泛，UX 研究中沒有如同領土劃分般的明確範圍。此外，由於調查研究這項活動在設計、市場行銷、社會學和文化人類學等各個領域也獲得了長足的發展與實踐，因而產生了多元而豐富的觀點。假如說我們得先將這些關於調查研究的歷史流變好好理解之後再去實踐，一開始就會花費大量寶貴時間。

因此，先不要太拘泥於理解定義，而是把 UX 研究當作打造服務的手段，並根據自身情況或組織需求，先動手試著做出小的實踐。然後，在這些小小的實踐中獲得洞察與體會，例如「下次換成這樣試試看」、「這個狀況該怎麼處理呢？」以及 「為什麼人們更願意接受這樣的方式呢？」等疑問。在這些時刻，再學習一下關於 UX 研究的理論和歷史背景就可以了。如同不斷迭代的設計流程一樣，關於「UX 研究」的知識需要溫故而知新，持續累積實力與功底。

> ■ 探索／驗證式研究
> ■ 質性／量化研究
> ■ 針對個別 UX 要素進行研究
> 　（UX 要素或 UX 時間軸等）

不需要嚴格背誦或拘泥於這些研究手法，也能開始進行 UX 研究，先勇敢地邁出第一步吧！

用真摯的態度做研究

雖然說要從小處開始實踐，為了確保 UX 研究的品質，有一些我們必須牢記在心的要點。那就是以真摯的態度對待參與研究調查的人們。一大前提就是對於受訪者表達傾聽的意願與尊重的態度，深入傾聽每個人的故事，再仔細分析。如果不這麼做，訪談的意義將不

復存在，變成選擇性的聆聽與觀察，僅僅從調查結果中斷章取義，擷取對我們有利的部分而扭曲了寶貴的資料。<u>我們不僅要磨練關於 UX 研究的知識和技能，還要對受訪者抱持興趣和尊敬的態度，並且珍惜蒐集到的資料。</u>

讀者們不妨花些時間了解什麼是「研究倫理」。在一項調查研究中的既定方法與步驟，彰顯了正確蒐集和分析資料的必要性（詳見第 4 章）。一開始請先試著踏踏實實地按照步驟與流程，同時有意識地思考我們是為了達成何種目的而實施該步驟。在實務工作中也許很難落實這樣的思考方式，但是我們可以透過模擬環境進行練習，一邊考察各步驟的意義，一邊執行這些研究手法。

誠實面對資料
所展現的一切

以便宜行事
的態度處理資料

切記對調查研究
秉持真摯的態度

重視個人喜好與長處

最後，一個人喜歡什麼類型的 UX 研究、擅長什麼樣的研究方式，這一切都因人而異。比起勉強自己去做那些感到棘手的事，從自己覺得容易做的事開始，能夠更容易讓人持續實踐。在《專欄分享》中收錄了筆者們喜歡 UX 研究的什麼地方，希望能為讀者帶來啟發與共鳴。

本章回顧

☐ UX 研究指「針對各個場合情境中，人們的感受與反應（UX）進行調查，明確掌握具體的情況。」

☐ 在市場風向變化激烈，產品與服務的多樣性極高的時代下，UX 研究的必要性越來越高。

☐ UX 研究的優點包含「在發布前透過小的失敗獲得學習洞察」、「提升詮釋資料的準確性」以及「可應用到組織架構中」。

☐ 務必以真摯的態度對待參與研究調查的對象與蒐集到的資料。

喜歡 UX 研究的哪些地方？

此處以對話的形式總結筆者喜歡 UX 研究的幾個地方。希望讀者也能透過實踐，挖掘出 UX 研究令人著迷的優點。

草野

我在思考與設計 UX 研究計劃的時候，會先統整目前遇到的狀況，「如果像樣子執行 UX 研究，也許會得到很好的洞察！」我經常因為這種想法浮現腦中而興奮不已。還有，在踏踏實實地分析資料的時候，「這個切入點也許不錯！」、「這似乎能打造很厲害的決策！」我也很喜歡這樣靈光乍現的時刻。我喜歡這種獲得前所未有的洞察的瞬間。

松薗

我也喜歡分析資料的時刻。以前，有幾位 UX 研究人員運用相同方法個別分析同一筆質性資料。然後仔細研究分析結果，我發現：「這些真的都使用了同一筆質性資料嗎？」我因人們截然不同的關注點和深入挖掘的地方而感到驚訝。這個經驗讓我體會到，對於 UX 研究人員來說，所謂的「分析」如同一種展現個人風格的表達方式。

草野

確實，在質性研究中，幾乎不會得到一模一樣的分析結果，而是研究參與者和 UX 研究人員共同創造的內容。正因為如此，才能發現全新的視野，也因此令人感到有趣。其實很難評斷 UX 研究的結果是否絕對正確，然而，「至少在這次的 UX 研究中發現了這樣的洞察」，這就是 UX 研究本身帶給人們的價值，令人更願意持續探索。然後以洞察為基礎，試著提出創意發想，接著就創意進行調查……展開一系列的探索流程。在這個過程中，如果能自然運用到 UX 研究的話，我覺得是一件令人愉悅的事情。

松薗

原來如此，我也喜歡問卷調查。以具有邏輯的方式歸納問題、整理內容，製作簡潔而美麗的問卷調查，我很享受做這件事。我認為大腦在處理問卷調查和質性資料的分析方式是不同的。進行質性資料分析時感覺很難為人們的行為表現歸納出一個概括性的論述，而問卷調查是將人分為不同的類別進行量化調查。有時我覺得自己做的事情很矛盾。

草野：與其說是自相矛盾，不如說是根據情境脈絡選擇適合的研究手法。說到問卷，我很喜歡看受訪者在自由評論區的回答。「沒想到有這種觀點！」每當看見與我個人觀點不同的回答時，每次都獲益良多。儘管如此，在問卷調查中，我們只能對自己瞭解的、能夠設想的範圍進行最基本的調查，所以我覺得有必要確實理解這種調查方法的特色與限制後再謹慎使用。

第 2 章

開始 UX 研究的方法

如何開始進行 UX 研究？

對 UX 研究有了基本瞭解後，接下來人們開始好奇「到底該怎麼開始才好呢？」UX 研究似乎給人一種高不可攀的印象。不過，我們沒有必要因為無法一口氣打造優秀的 UX 研究而感到氣餒。踏出第一步的最佳辦法是先從小處開始著手，取得較小的成果。為了在讀完本章後，早日將 UX 研究融入你的日常工作中，就讓我們立刻開始學習吧！

目標階段	1	2	3	4	5
本章可幫助讀者	瞭解如何開始 UX 研究 從小處開始 UX 研究，創造實際成果				

「開始」本身不是目的

說到底，UX研究是為了實現業務目標的一種手段，不要本末倒置了。如果「展開UX研究」這件事變成了目的或初衷，容易被「我想開始UX研究！」的心情佔據思考，無法取得周圍人的理解而自顧自地空轉。你拿起這本書翻閱的理由是什麼呢？在工作上或生活中遇見到了什麼樣的問題，令你想要開始UX研究呢？請回到最初的原點，靜下心來重新思考。舉例來說，「雖然採取了很多行動，但總是沒有取得預期效果。我想好好運用使用者數據，重新審視這些行動的效益」。又比如是「和團隊成員進行討論時，我們對於使用者的想像並不一致，導致溝通上的困難，希望可以更好地交流」等原因。配合自己的團隊和服務開發的情境階段，和人們分享開始UX研究的初衷，也能更好地吸引周圍的人參與（詳見第5章）。

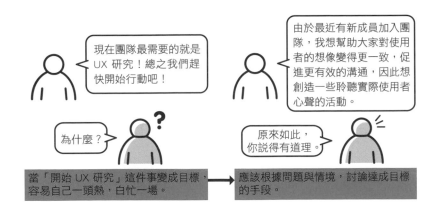

首先從小處開始

想要開始 UX 研究，首先得制定周全計畫，確保預算充足，得到上司批准……等等，總覺得眼前充滿了各式障礙，很難邁出第一步。本節以筆者經常被問到的問題，分享如何從小處展開 UX 研究。

不夠專業也能開始

UX 研究似乎給人一種需要專業功力的印象。當然，技能和知識累積越深厚，就越能打造高品質的 UX 研究成果，但我們沒有必要因為無法從一開始就進行完美的研究調查而感到灰心喪氣。如第 1 章所述，UX 研究是指「針對各個場合情境中，人們的感受與反應（UX）進行調查，明確掌握具體的情況。」 一有不明白的地方就想調查清楚，這其實是我們在工作和日常生活中經常做的事。而現在我們想要調查的對象是使用者經驗（UX）。懷抱著「想理解使用者」的心情，對使用者的分享抱持興趣和尊重，只要有這個心態就足夠了。

另外，保持在實踐 UX 研究的過程中「持續改善」的心態也很重要。雖然一開始不見得順利，甚至會比想像中還要花時間和精力，換個角度想，從這樣的經驗中所學習到的東西也能為日後的 UX 研究累積實力。第 3 章會介紹 UX 研究的具體方法，請一邊閱讀本書內容，一邊持續實踐。在這個過程中，你將逐漸累積 UX 研究的功力與知識。

預算不足也能開始

UX 研究可能給人一種「開銷很大」的印象。確實，如果委託坊間市調公司全權負責的話，大概需要幾十萬日元到幾百萬日元左右的預算。儘管如此，不必花費大筆預算，也能自行開始 UX 研究。例如，你可以向家人和朋友詢問使用服務的感想，或是邀請其他部門的人使用原型也是一種很好的 UX 研究實踐。如果想接觸實際使用者，你可以試著透過 APP 通知或電子郵件來招募受訪者。假如沒有上述媒介，你也可以透過社群媒體發文，徵求熟人介紹，或者和符合受眾特徵的對象直接聯繫，這些都是展開 UX 研究的方法。

不需要特殊設備或器材也能開始

即使沒有訪談室等特別的設備和器材，只要有智慧型手機和電腦，就可以開始 UX 研究。在面對面訪談的情況，可以將智慧型手機放在手邊進行錄音，也可以固定在某個地方進行攝影。以視訊方式進行訪談時，可在電腦上使用網路會議工具，並透過攝影功能進行記錄訪談過程。

當然，如果有充足器材的話，調查起來會更加方便。舉例來說，可以固定智慧型手機的裝置，能夠提升攝影品質。如果是在會議室和工作桌進行攝影，三腳架是個不錯的選擇，而在戶外進行調查的話，如果能準備防手震的三軸穩定器，可以減輕觀看影片的視覺負擔。如果今天的課題是研究智慧型手機的操作行為，那麼我會推薦購買可以從上方固定拍攝的「數位展台」（document camera）。這些器材的價格區間落在 1 萬日元左右，不需要一口氣湊齊所有裝備，請根據各階段或研究內容，逐步添購即可。以下介紹筆者實際使用的器材供讀者參考。

三腳架	三軸穩定器	數位展台

（ELECOM スマートフォン用コンパクト三 ）	（DJI OSMO MOBILE）	（IPEVO V4K）

時間不足也能開始

明明本來的工作就很忙，還要花時間做 UX 研究，這豈不是自討苦吃？確實，如果要對幾十個人採訪，勢必得花上好幾個小時的話，的確令人吃不消。但是，不妨向一個人提問，將整體訪談時間設定為 30 分鐘左右，這應該是個邁出第一步的好辦法。請參考本書介紹的 UX 研究的架構方法與附錄範本作為參考，幫助你以更有效率的方式開始研究。

另外，你不需要一個人承擔關於 UX 研究的所有大小事。向身旁的人們分享，也許會發現有興趣並願意幫忙的人，或者，也許有些人的日常工作就包含了 UX 研究，你也可以向他們尋求幫助。例如，筆者曾經合作過的某企業就委託組織內的客戶服務團隊負責與使用者協調諸如行程和個資處理等任務，進而開始了 UX 研究。當然，我們必須注意不要給對方增加太多負擔，最理想的狀態是一步一腳印地建立穩健而可靠的合作體系。在一開始，拜託平時一起共事的人協助分擔任務的話，一定能大大減輕你的時間負擔。請參考第 5章內容，想辦法增加一起投入 UX 研究的同伴。

上司或同事不理解也能開始

如果不會花費預算，設備器材也都到位，只需要 30 分鐘左右的調查時間，應該會有很多人能在無需上司核准和同事理解的情境下就能進行 UX 研究。像這樣，在一個人的能力範圍內開始調查，或者在工作時間外嘗試研究也是一種方法。不過，為了讓 UX 研究的文化在組織中扎根萌芽，還是需要得到上司和同事的理解。在這種情況下，如果上司和同事對於「UX 研究」這個字眼感到陌生，我會<u>建議不要突兀地使用「UX 研究」進行說明</u>。相反地，你可以將想法修飾成「想得到產品設計的提示」、「針對眼前課題，想要提升解決方案的準確性」等目標，好好地說明「因為想更加理解使用者的想法，所以（將 UX 研究）作為一種手段，想爭取一些工作時間，聆聽實際使用者的心聲」。相較於沒頭沒尾地蹦出一句：「我想做 UX 研究」，應該更容易獲得上司贊同。

其實早已開始 UX 研究

作為一個例子，此處將介紹筆者（松薗）開始 UX 研究時的經驗。當時，我擔任產品經理，負責重新設計一個向職業女性提供轉職服務的 APP。我分析了使用者紀錄，雖然感覺到了哪些介面（UI）有待改進，卻常常不知道具體原因為何，經常感到無所適從。因為當時我是剛進入職場的新鮮人，還沒有轉職經驗，所以無法體會這些使用者的心情。因此，我首先向公司內部同事寄送電子郵件，募集幾位有轉職經驗的女性，邀請她們和我聊一聊各自的經驗。接著，聽聞這項募集活動的同事，為我引薦了客戶企業的 HR。然後，我也有機會訪問那些實際利用 APP 服務並且成功轉職的使用者。當時我也沒有準備什麼提問清單，也不曾正式學習過使用者訪談的方法。儘管如此，我抱著「想理解使用者」的熱情，雖然經歷了很多失敗，漸漸習慣了 UX 研究這件事，也慢慢地熟能生巧。在那個時

候，我並不是一心一意想著要「進行 UX 研究」，只是出於產品經理的角色，為了讓產品變得更好而做出必要的行動，在向上司報告時，我當時的說法也是「為了增加對服務的瞭解，想要採訪幾位使用者」而已。

接下來是「可用性測試」（usability test）。我向公司內部發送郵件，招募沒有使用過 APP 服務的人。最後募集了約 10 名受訪者，各花了 30 分鐘左右，請他們使用 APP 搜尋職缺內容。那時，因為設備器材也不是很齊全，採訪情境如下圖所示，我請受訪者將電腦放在胸前，利用電腦上的鏡頭紀錄他們操作智慧型手機的樣子。

利用電腦上的鏡頭紀錄智慧型手機的操作情形

在分析時，我一邊參考樽本徹也所寫的《可用性工程》一書，試著進行了「影響力分析」（impact analysis），然後發現 APP 介面存在幾個體驗不佳的部分，因此決定首先從改善它們開始著手。在這樣的分析過程之中，越來越能感受到產品或服務面臨的問題浮上水面，變成團隊中最瞭解使用者的人。我也變得更能向上司和團隊解釋產品或服務更新的方向、想法及原因。

漸漸得到了周圍人的理解後，也逐漸取得可用於 UX 研究的預算。儘管如此，當時的情境也不能說是預算充足。此外，為了更新 APP，在確保必要需求的過程中，假如想好好「驗證」想法之後再開始 UX 研究的設計和準備，不僅需要預算和時間，還可能需要暫緩 APP 開發的步調。因此，為了盡可能高效使用有限預算，同時不放慢工作速度，我們決定安排一個固定的「UX 研究日」。當時我們以兩個禮拜為週期進行開發，配合這樣的軟體開發流程，決定以兩週一次的速度，透過原型進行可用性測試，確認產品和服務中不可或缺的元素。

透過這種方式，我們得以預見 UX 研究工作的前景，所以將招募受訪者的任務以定期委託的方式交給第三方調查公司負責，比單次委託更能節省預算開支。這個時候我們的腦中也不是想著要「進行 UX 研究」才做出行動。反而是「好不容易利用了大家的時間來開發服務，如果我自己的假設出了差錯，導致工作不能順利進行的話會感到很抱歉」的心情，以及「想減少服務發布後面臨失敗的風險」的不安感佔了上風。儘管如此，我們還是在預算和時間都有限的情況下，一步一步地摸索出 UX 研究的方法。此時所累積的經驗，在日後制定「Weekly UX 研究」等流程架構時，也發揮了很大的效果（請參考第 7 章的〈Weekly UX 研究〉。）

透過使用者訪談和可用性測試，我們獲得了寶貴洞察，確定了 APP 更新的方向，最後順利地完成任務。當時，筆者對於 UX 研究並沒有很深厚的知識與經驗，根本算不上專業人士，也沒有充足的預算。至於整體花費費用，給受訪者的謝禮以及招募可用性測試的受訪者所需的費用合計為 40 萬日元左右。在器材設備方面，只用到了工作用的電腦。雖然一開始花了一些時間，但正因為踏出這一步，才能讓上司和同事漸漸理解。我有時候不禁會這麼想：「回頭來看，當時不正是 UX 研究嗎？」其實早就已經開始了呢。

從什麼地方開始

接下來，我想用三個活用範例介紹應該從什麼樣的 UX 研究開始。請根據你自身狀況，選擇符合情境的 UX 研究開始，親身感受到效果後，也能更容易得到周圍人的理解。

從探索式研究開始

正如第 1 章〈掌握 UX 研究的方法〉所述，探索式研究是為了探索人們可能面臨到的問題而進行的調查。如果現在還不知道產品或服務應該解決哪些問題，又或者已經掌握了數個問題，但尚未排好優先順序的話，建議從探索式研究開始。舉例來說，如果是已發布的服務，然而對於使用者的行為或偏好知之甚少，我會建議先透過使用者訪談，加深對使用者的認識。諸如如何得知這項服務、為什麼會使用它、平常的使用模式等問題，向使用者提出這些問題，進而得到許多洞察與體會。另外，可用性測試能夠提供新的刺激，幫助我們發現意料之外的全新課題，或者發現人們對於哪些課題有所共鳴，適合優先解決。即便腦海中認為自己對使用者有了明確瞭解，然而實際卻與想像截然相反，這也為我提供一個新的契機，必須更深入地向使用者學習，持續改善日後的 UX 研究實踐。

活用範例

讓我們來具體看看探索式研究適合哪些場景。假如你是一位某項服務的成長駭客，負責驅動業務成長。以現階段的業務目標來說，服務還需要擴展，增加能見度。首先你從使用者日誌數據開始分析，已經瞭解哪些 UI 和流程應該改進，但是還不確定應該以什麼樣的優先順序採取哪些對策。

面對這類情境，我們可以先實施可用性測試。根據測試結果，辨識解決問題的優先順序，然後再進行驗證（具體方法請參照第 4 章）。

	方法	調查內容	預期效果
探索式研究	使用者訪談	深入瞭解得知服務的契機、具體使用經驗	更加認識使用者 掌握服務的價值或辨識問題
	可用性測試	掌握使用者實際使用服務的樣子	掌握有待改進的問題 為問題解決順序提供參考

從驗證式研究開始

假如已經掌握問題癥結，也想出解決對策的話，那麼可以從驗證式研究開始。在想法還算粗糙的情況下，可以使用無需花費大量設計和開發時間的「概念測試」（concept test）。如果已經有了具體想法，那麼使用原型進行可用性測試也是不錯的選擇。

活用範例

這時的你想要推出新的服務。腦海中出現了幾個關於產品和服務的靈感，也在著手規劃商業發展計畫與策略，不過，萬一這個服務不受使用者青睞，那一切不過是徒然的空想。雖然想測試看看自己點子的效果好壞，但因為還處於一個人苦幹的階段，在沒有設計師和工程師從旁協助的情況下，想要開始開發服務似乎困難重重。

面對這種情況，讓我們從概念測試開始。不需要設計和開發工作，就可以簡單地開始，將焦點放在靈感的發想上。根據概念測試的最終結果，再著手開發就可以了。

	方法	調查內容	預期效果
驗證式研究	概念測試	透過文字或圖像呈現想法與概念	仔細打磨想法，獲得更多靈感
	可用性測試	以原型呈現想法，邀請使用者進行測試	比起概念測試，以更接近實際服務或產品的樣子獲得使用者的回饋

從運用現有資料開始

如同探索式和驗證式研究的例子，說起 UX 研究，腦海中可能會直接連想到使用者訪談和可用性測試，不過，這是因為在那些情況下，我們沒有可供分析的資料，因此得從獲得使用者資料這一步驟開始。如果已經有可供使用的資料或數據，有效利用這些資源也是一種方法。假如這時組織內存在過往的調查結果，想必能從中獲得許多洞察。如果產品或服務也累積了一些客服紀錄，將其整理後也能加以利用。

活用範例

假設你剛移動到新的部門，成為某項服務的企劃專員。為了擬定今後的計劃，首先需要理解現狀。與前任同事交接時，你向他請教過去使用者訪談的調查結果。另外，你與行銷團隊進行交流，請他們分享以前實施過的調查，例如關於服務認知度和印象的調查問卷。雖然拿到了幾份能派上用場的資料，但是各單位保管資料的地方似乎散落四處，沒有一個統一的位置。

在這種情況下，讓我們從利用現有資料開始。跳過調查步驟，可以縮短 UX 研究需要花費的時間。此外，如果能確實做好「知識管理」工作，整理好分散在各地的數據或資料，也能吸引周遭人們跟著效仿（詳見第 6 章）。

得到一個學習經驗也好，持續向前邁進

成功的 UX 研究是什麼樣子呢？這個問題沒有一個明確而絕對的答案。無論調查進行得多麼順利，對於調查結果的詮釋與解讀，以及後續採取什麼樣的行動也會影響 UX 研究的最終成果。每一次由研究者和受訪者共同完成的調查活動都是「僅此一次」，無法重來，因此「假如換成別人來做，是不是會做得更好？」這件事是無從比較的。我們很難去定義「成功」，同樣地，我們也無從定義「失敗」。即使在使用者訪談中沒能好好挖掘出人們的心聲，或者不知不覺中進行了誘導性詢問，這並不代表整個 UX 研究全部失利。<u>透過執行 UX 研究，從中獲得啟發，哪怕只明白了一件事，都是向前邁進的證明</u>。「如果當時能這麼做的話⋯⋯」這類可以改善的部分也許堆積如山，只要保持虛心學習，在日後好好改進、活用就可以了。首先，讓我們鼓起勇氣，從小處開始。

以打造更好的 UX 研究為目標

話雖如此，為了讓 UX 研究更有意義，首先我們必須認識可以採取什麼樣的對策。在 UX 研究的起步階段，以下是能夠幫助你提升實力的方法。

試著走查演練（walkthrough）

拜託身邊人擔任受訪者，嘗試「走查」（walkthrough）[*1]。透過實際演練，也許你會發現事情不如想像中容易。但是，在走查的模擬

練習中，無論多麼不順利，失敗了多少次也沒關係。到了正式上場的時候，好好發揮此時的學習經驗。

*1：在調查活動開始前，透過模擬，確認活動能否順利開展，是否存在改善之處的工作。也可以將其視為正式開始調查的事前演練。

自我檢視回顧

將走查工作和實際 UX 研究所紀錄關於受訪者的音訊或影片放在一旁，首先好好檢視一下自己的行為表現。自己的目光是否只停留在手中的筆記，沒有好好注視受訪者呢？是不是無意識地想要附和別人？或者不經意地說了好幾次口頭禪？冷靜審視自己，不妨紀錄身為調查者的自己是否也有值得改進的地方。

尋求他人的建議回饋

如果在調查時有人一同參與，可以拜託他們將觀察到的要點記錄下來。例如，在什麼時候不小心進行了誘導性的提問，或是希望更深入挖掘哪些話題等，像這樣的意見回饋，可以提醒自己未能注意到的地方。在調查活動中透過聊天軟體進行聯繫的情況中，即時徵求意見回饋也是一種方法。但是，在還沒習慣即時性回饋的時候，也許會因為無法集中注意力而顧此失彼，筆者建議可以在調查結束之後再另行安排一個回顧檢視的時間。

學習別人的研究風格

調查研究方法形形色色，每個人習慣或偏好的風格形式都不一樣，不妨積極參與別人的調查活動，從中觀察，效仿值得學習的地方。假如在組織中沒有可以參與調查的機會，可以試著參與其他公司的調查，讓自己站在受訪者的立場，這同樣也是一個相當不錯的學習體驗。筆者（松薗）在一開始，也主動登記為調查公司的問卷調查

對象，作為受訪者參與了多項調查活動。另外，如果預算允許，將調查工作委託給調查公司的同時，不妨把握機會，抱持著虛心請教的態度，向專業人士學習。

UX 研究流程中不只有調查活動

調查的實施只是 UX 研究過程的一部分，事實上，在調查前後都有設計、準備和分析等環節。在展開 UX 研究時，請掌握整體流程的大方向，然後從小的地方持續投入。如此一來，就可以避免「因時間不足，最後不了了之」、「比想象中還要花時間，真是辛苦」、「儘管試了幾次但是最後都沒能持續」等遺憾的狀況。關於 UX 研究的整體流程，我們將在第 3 章詳細說明。

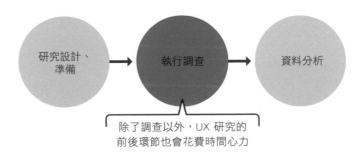

➕ 如果想要進階學習

● Leah Buley 的 The User Experience Team of One: A Research and Design Survival Guide。

在展開 UX 研究時，你可能也需要瞭解 UX 設計並習得相關技能。在這個時候，我會推薦讀者參考上面這本書。書中非常詳盡地介紹了 UX 研究的方法，請搭配該書第 6 章〈使用者研究〉和第 8 章〈測試與驗證〉的內容一起閱讀。其他章節也介紹了 UX 設計與團隊建

設（teambuilding）的方法等內容，以及一個人也能開始 UX 設計並推廣到組織的具體方法。筆者（松薗）自己在開始 UX 研究的時候，經常一邊翻閱這本書一邊實踐。

本章回顧

☐ 對於產品或服務的開發而言，UX 研究是一種手段，必須根據情境與目的需求靈活運用。

☐ UX 研究是即使不夠專業、預算或設備不足、時間不夠充裕，沒能取得上司或同事理解也能一個人從小處開始投入的事情。

☐ 即便過程不順利也不代表失敗，哪怕只明白了一件事，都是向前邁進的證明。

☐ 不要忘記調查活動的前後環節，請從小的地方開始並持續投入。

在 Merpay 進行 UX 研究的緣由，與母公司 Mercari（日本最大二手商品電商平台）的 UX 研究風氣有密不可分的關係。自 Mercari 創立以來，一直有著在服務開發過程中聆聽人們的使用回饋，進而加以改善的文化。即使不特意說「讓我們開始 UX 研究吧」，組織成員們也會自然地從小處開始嘗試，進行改善服務。之後，為了將市場拓及美國，我們需要深入瞭解當地的服務和商品配送情況。那時，我們實際前往美國，在當地進行使用者訪談和訪問調查等真正的 UX 研究。另外，在同一時期，Mercari 也在英國發展事業，在當地邀請 UX 研究的專家加入團隊，促進服務開發工作。如上所述，正是因為 Mercari 這一服務將全球化發展視為企業發展目標，因此有必要在深入理解美國、英國等地人們的生活習慣和文化風氣，更好地理解使用者需求以利服務開發，以上是 UX 研究文化扎根於 Mercari 公司的背景。並且，在世界各地感受到 UX 研究重要性的成員，提議將 UX 研究工作納入日本 Mercari 的開發流程，公司 CEO 說了：「要做的話就 Go Bold（大膽去做）吧」，於是開始了以每週一次的速度進行 UX 研究。

從那時開始，為了推出支付服務 Merpay，從日本、美國、英國 Mercari 分公司調派成員參與開發，自然而然在 Merpay 的開發過程中融入了 UX 研究。當然，Merpay 團隊也有新加入的成員，公司內部也出現過「有需要 UX 研究嗎？」等聲音，當然也有成員對 UX 研究抱持半信半疑的態度。但是，在挑戰新創事業這種不確定性很高的狀況下，多虧了 UX 研究，才讓我們的工作進展變得更加順利。Merpay 在初期發布時，引入了名為「iD」[*2] 的支付方法，針對初期設定，我們連續進行了長達 9 週的可用性測試，見證了從一開始受訪者幾乎無法成功完成支付過程，到最後所有人都能流暢使用，親身感受到了 UX 研究的非凡價值。有了這樣的經驗，現在公司理解 UX 研究的重要性，開始聘用全職 UX 研究員。

[*2]：iD 是 NTT DOCOMO 公司的註冊商標。此指只需要使用在智慧型手機上登錄信用卡資訊就能進行付款的電子錢包服務。

第 3 章

UX 研究的設計方法

如何規劃研究計畫？

本章介紹如何設計 UX 研究。首先，我們要認識 UX 研究由哪些
流程構成，再根據這些流程階段，設計出一個 UX 研究。

目標階段	1	2	3	4	5
本章可幫助讀者	瞭解UX 研究的流程階段 自行設計一個UX研究				

UX 研究的 7 個階段

UX 研究的過程大致可細分為 7 個階段。為了說明，本書將會解釋所有階段，不過，如果是一個人從小處開始 UX 研究的話，有時會重視效率而略過或是快速推進部分階段。對 UX 研究的整體流程有了大方向認知後，就以你認為是研究主題的部分為中心，再參考設計方法就可以了。以下簡單解說每個階段。

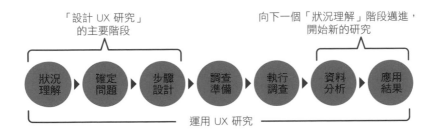

「狀況理解」指瞭解專案的狀況，包括業務脈絡、業務主題、利益相關者的關係等，明確瞭解「為什麼需要 UX 研究」的原因。

「確定問題」指，根據目前遇到的情況，透過 UX 研究提出想明確瞭解的問題。提出問題，換句話說，就是讓人們確實瞭解「UX 研究的目的」。這個階段非常重要，如果未能和相關人員對於問題的認知取得一致，很有可能令後續階段窒礙難行。

「步驟設計」指為了找出問題的答案，應該設計哪些步驟來進行 UX 研究。這時要考量 UX 研究的整體推進方法與執行手段。在此基礎上，還需要準備統整調查步驟的指南或流程表等文件。

「調查準備」指以設計好的步驟為依據，招募受訪者和準備設備器材等事前工作。這個階段意外地會花上許多時間，需要特別留意。

「**執行調查**」指按照設計好的步驟實施調查。這個階段大概就是多數人對於「UX 研究」的印象。為了好好回答問題，這一階段的首要任務就是獲取足夠的資料。

「**資料分析**」指對從調查階段得到的資料進行分析。仔細觀察我們所得到的龐大資料量，從中獲得洞察。為了將研究結果和洞察傳達給其他人，也會在此進行總結整理的工作。另外，這一次分析得到的洞察，將會影響下一次 UX 研究的「狀況理解」和「確定問題」階段。

「**應用結果**」指將研究結果和洞察傳達給相關人員。這在 UX 研究過程中是一個非常重要的階段。如果不能實際利用其成果，無論從 UX 研究中得到多麼好的洞察，一切都沒有意義。因此，請事先考慮如何應用研究結果。

「**運用 UX 研究**」不僅限於單一階段，而是整個 UX 研究過程。為了順利進行 UX 研究，這是非常重要的觀念。我們將在第 6 章詳細解說關於 UX 研究的運用。

設計方法綜述

上文介紹了 UX 研究階段的整體樣貌。UX 研究不僅僅是執行調查，還有前前後後的各個階段。接下來，我們來具體瞭解如何設計一個 UX 研究。所謂「設計 UX 研究」是指在 UX 研究的 7 個階段中的「狀況理解」、「確定問題」和「流程設計」等前 3 個階段。但是，在設計 UX 研究的同時，我們還需要將考量其他階段可能涉及的人事物。

在設計 UX 研究時，大致可分為兩個環節。第 1 個環節是，為了釐清「為什麼要進行 UX 研究」、「想要瞭解哪些事情」，在「狀況

理解」的基礎上「確認問題」，想像如何「應用結果」。第 2 個環節是，為了決定「如何找出問題的答案」，選擇「執行調查」和「資料分析」的手段方法，進行 UX 研究的「流程設計」。然後，為了能夠實際進行調查，以設計好的方案為依據，進入「調查準備」階段。在設計 UX 研究時，與其一次性逐個討論各個環節，不如以多次反覆討論的方式進行。

接下來，讓我們詳細看看「設計 UX 研究」的各個階段。

在設計 UX 研究時，大致可分為 2 個環節

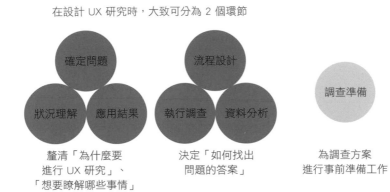

確定問題

流程設計

調查準備

狀況理解　應用結果

執行調查　資料分析

釐清「為什麼要
進行 UX 研究」、
「想要瞭解哪些事情」

決定「如何找出
問題的答案」

為調查方案
進行事前準備工作

理解狀況

在設計 UX 研究之前，首先要瞭解我們所處的情況。具體來說，我們必須對「專案狀況」、「資源」、「權限」等進行確認。建議讀者盡可能仔細地執行這一階段。在確實掌握情況之後，能夠更充分地思考我們目前不知道哪些事情，應該調查些什麼。而這些想法將在「確定問題」時派上用場。

在設計 UX 研究之前，
首先要瞭解情況。

專案狀況

為了理解專案狀況，那麼需要調查目前的公司業務存在哪些背景脈絡、業務的發展情況，比方說可以閱讀商業規劃和業務報告等文件。如果是實施 OKR[*1] 制度的組織，也可以確認組織或團隊所設定的目標與關鍵成果。此外，也可以蒐集產業動向和其他公司的發展動向等資料，進行「案頭研究（desk research）」[*2]。接下來，我們還可以確認在該業務中，想要利用 UX 研究的專案處於什麼樣的狀況。例如，邀請包含專案負責人在內的相關人員進行訪談，詢問他們出於什麼目的，打算做什麼樣的決定，而為此想要什麼樣的參考資料等問題。

> *1：OKR 為 Objectives and Key Results 的縮寫，是一套明確和追蹤目標及其完成情況的管理工具和方法。此方法重視讓所有員工都朝著一致方向，以明確的優先順序，按照一定的節奏執行計劃。
> *2：「案頭研究」指從現有文獻、資料或網站等收集資料並進行分析的研究方式。

如果要更仔細地瞭解情況，不僅要訪問專案負責人，也要詢問投入相關專案的設計師和工程師，從多個視角觀點去掌握各個成員對於專案有著什麼樣的想法。此外，我們也需要意識到諸如上司、經理、董事等管理階層的想法，誰接受誰的指示、誰要向誰報告等等，進而調查每個人的想法。根據情況，可以考慮擴大訪談的範圍，比方說，可以旁聽與專案相關的會議，觀察人們討論的情況。當某項

專案的利益相關者似乎包含許多人，或者每位相關者在乎的重點似乎存在極大差異時，建議擴大訪談的範圍。反之，則集中訪問委託 UX 研究的人就足夠了。

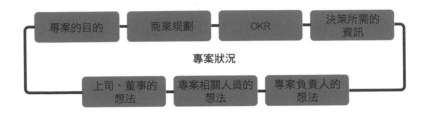

資源

為了進行 UX 研究，需要確保資源。讓我們好好確認一下。資源是指主要用於 UX 研究的人力、物力、財力。

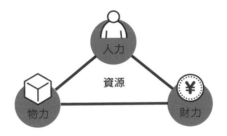

人力

在人力方面，我們需要判斷 UX 研究的各個步驟需要執行哪些工作，事先分配負責人員，確認人員充足。在進行使用者訪談等調查之前，可以製作排班表，確認參與人員。確保人力需求，並適當分擔工作量。如果是只有一個人進行調查時，也要確認單憑一己之力是否能夠順利完成所有工作。如果遇到困難的話，請重新調整調查規模。比方說，如果是在業餘時間進行調查工作的話，必須先思考「如果進行了這個調查，會不會無暇顧及份內工作？」這個問題。

物力

在物力方面，請確認目前可以使用的器材設備和工具。舉例來說，器材包含提供受訪者使用的智慧型手機和錄影設備等。而工具則包括「原型製作服務（prototyping service）」[*3]、分析軟體等。如果物力準備不夠充分，有時很難進行大規模調查。但反過來說，如果是相對簡單的調查，則不見得需要準備過於高級的器材。如果是從小處開始 UX 研究，利用自己的智慧型手機以及免費的原型製作服務，就能開始進行調查和記錄。另外，在分析方面，只要花點心思善用 Excel 表單和 Google 試算表，就可以在不購入昂貴分析工具的情況下開始分析資料。

[*3]：例如 Figma（https://www.figma.com/）或 Prott（https://prottapp.com/）。

財力

在財力方面，要事先掌握可供專案使用的預算金額，確認在這個範圍內能夠執行多大規模的調查。大規模研究的花費開銷通常很大，假如不委託外部合作夥伴的話，可能面臨人力不足的情況。如果是大規模的研究，則在撰寫商業計劃時必須事先規劃預算。比方說，委託外部合作夥伴時，需要支付費用的項目可能包括「發送問卷、蒐集資料（150 名受訪者、8 個問題，20 萬日元起～）」、「分析問卷結果（單純統計為 10 萬日元，如使用統計分析則每題單價為 3 萬日元起）」、「募集使用者訪談的受訪者（2 萬日元／人）」、「逐字稿整理（2.5 萬日元起／90 分鐘）」、「使用者訪談的結果分析（數十萬日元起）」等。因為每個項目需要的花費不同，請考量並權衡專案的必要工作和相關費用。

不過，在開始 UX 研究的時候，獲取大額預算可能不太容易。即使在初出茅廬時立即獲得很大的預算，在短時間內也可能無法滿足期待。因此，筆者在剛開始執行 UX 研究時，盡量採取不需太多預算

的方案。例如，如果能使用公司服務的推送通知功能來招募受訪者，那麼這一部分就不需要委託費用。另外，逐字稿整理或分析工作也可以親力親為，盡量控制費用開銷。

靈活思考如何善用現有資源

掌握這些人力、物力、財力等資源，可以靈活改變 UX 研究的設計方法。例如，能夠協助進行調查的人力充足而財力不足的時候，可以考慮盡量由自己或團隊進行 UX 研究。財力充足但人力短缺的話，那麼可以考慮與外部夥伴合作（請參照第 6 章）。如果人力、財力或物力都尚未到位，首先，就從一台智慧型手機可以獨自完成的小規模研究開始。根據眼前現有資源，設計適合的 UX 研究，靈活調整對 UX 研究的期待，避免對執行 UX 研究的人和團隊造成過度負擔。另外，掌握這些資源後還可以更好地預測，為了在組織中繼續進行 UX 研究，今後應該優先確保哪些資源。

權限

瞭解人們的權限也很重要，這裡的人們包含執行 UX 研究的人以及委託 UX 研究的人。例如，與 UX 研究相關的主要權限包括預算執行、合約簽訂和出差許可等。如果專案負責人是沒有這些權限的人，則根據工作需求，必須向上級說明並取得批准，因此可能需要較長的時間。因此，在考慮 UX 研究的時程時，也必須將這些時間納入考量。另外，如果沒有權限，也無法得到權限者的理解，與其花時間說服上司或主管，不如優先考慮沒有權限也能進行的 UX 研究。例如，我們可以尋找不用謝禮也願意協助使用者訪談的人，在上班時間內進行會議商談來推進 UX 研究。然後，持續積累小的 UX 研究，創造實際成果，漸漸得到周圍人們的理解，最後，再努力吸引權限者，獲得他們的認同，規劃更大的 UX 研究，將相關預算納入業務規劃中。

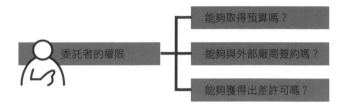

確定問題

一旦瞭解了設計 UX 研究的前提條件，就可以根據我們所蒐集的資訊，決定要回答什麼樣的問題，進而著手進行 UX 研究。此時所提出的問題就是研究的目的。在提出問題之前，不要搶先一步思考具體的調查方法和分析方法。如果過於關注研究的方法手段，容易顧此失彼，很難根據專案的狀況提出正確的問題。

在確定問題方面，從小處開始時，沒有必要一口氣上升到宏大複雜的問題。請考慮你的專案狀況、資源、權限等，提出符合自身情況的「問題」，與相關人員的想法達成一致。另外，為了符合自身情況，也要確實釐清「不需要明確瞭解的事情」。例如，如果聚焦在某個問題上進行 UX 研究，總會遇到該 UX 設計也難以回答的問題。在遇到這類問題時，就把它們歸類為「不需要明確瞭解的事」。

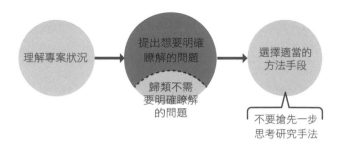

現在，筆者將介紹一個名為「eKYC」（Electronic Know your Customer）的功能，作為「確定問題」的設計案例，這是一個在 Merpay 中可以線上確認使用者身分的功能。首先，在正式發布此功能之前，我們無法利用既有的使用者數據進行事前的分析工作。另外，由於這個功能需要相當程度的開發工時，所以很難採取敏捷開發的做法，頻繁交付新的版本。再者，由於 eKYC 是在日本甫獲許可的身分認證方式，而與推廣多時的海外市場也存在身分證和法律的差異，因此可供參考的資訊很少，指導方針和先例也不足。在這種情況下，為了在嘗試 UX 設計的同時進行優化，我們希望能觀察各式各樣使用者的反應。此外，與其說「確認本人身分」是 Merpay 支付服務最吸引人的關鍵，不如說這個功能是使用服務的先決前提。因此，服務與功能的易用性是理所當然的重點條件。

針對這種情況，我們提出了這樣的研究問題：「在使用 eKYC 之前和使用中，使用者感到不好用、不想用的主要原因是什麼？」接著，我們一邊反覆嘗試各種 UX 設計，一邊進行調查。與此同時，我們決定不去探索「以量化指標來衡量主要原因的嚴重程度，對嘗試過的多個設計版本進行比較」這類問題。也就是說，我們不會拘泥或強調「在受訪者中有幾個人指出了這個原因很嚴重」和「有幾位受訪者人覺得 OK，所以這個設計很好」等，不完全站在量化的角度來討論調查結果。這是因為在本次調查中，UX 設計版本和受訪者都非常多元，所以很難用量化思維去判斷哪些因素的出現頻率更高。假如要進行量化分析，UX 研究所需動用的資源將會擴大，此外，相關人員對於研究結果的期待值也將隨之提高，應用結果的難度也會跟著增加。因此，在這次調查中，我們決定將量化分析歸類「不需要明確瞭解的問題」。

正如這個案例所介紹，該提出什麼樣的問題，與專案的狀況密切相關，一切都因個別專案的情境、脈絡與需求而異。因應不同的問題，也必須選擇適當的調查手法。第 7 章分別整理了一系列案例情境與最後提出的問題，各位讀者不妨搭配閱讀，感受每個案例的不同之處。

應用結果

為了確實透過 UX 研究明確掌握我們想要瞭解的東西，最有效的方式是「明確想像出研究結果如何被應用於專案中」的思考練習。討論內容包括，想透過明確掌握哪些洞察來做出什麼樣的決策、想如何推進專案進度，如何共享什麼樣的研究結果，如何更有效地利用這些研究結果等問題。和相關人員討論研究結果的應用方式，透過持續溝通建立共識。

想要明確掌握哪些事情？ ▶ 想要做出哪些決策？ ▶ 如何推進專案進度？

思考如何「應用與共享 UX 研究的成果」

此外，根據我們想如何應用研究結果，適合的應用方法也會有所不同，請一起討論應用結果及其應用方法。如果我們找不到適切的應用手法時，要麼重新想像如何應用結果，要麼重新審視原本的問題。也許你心裡會想：「好不容易想到這些點子了……」但是，與最後的研究結果落入毫無用武之地相比，在這個階段重新審視的成本要小得多。

在思考如何應用結果時，還有一種方法，那就是試著將輸出形象（output image）變得更明確。我會思考調查成果最終的詳細程度、會是什麼樣的表現形式等問題。比方說，我可能會使用到「人物誌（persona）」或是「顧客旅程地圖（customer journey map）」等表現方法（關於各種方法的使用時機，我們將在第 4 章〈質性資料的分析方法〉中說明。）

另外，為了幫助人們更好地運用研究結果，而應該使用什麼樣的共享方式，也最好事先和相關人員溝通協調。確定了共享方式之後，就可以考慮後續的問題，例如在什麼時候需要哪些人、要佔用多少工作時間、日程安排是否合乎實際情況等。舉例來說，具體共享方式包括：「共同參與研究與分析工作」、「共享報告」或「舉辦工作坊 *4 進行互動討論」等，這些方式各有其優缺點，請好好掌握各種共享方式的特色。

*4：工作坊（workshop）：讓一個團體，通過共同目標或焦點問題，以互動性討論的方式進行多元思考，達成共識與產生結果，以解決問題或創造新想法的活動。

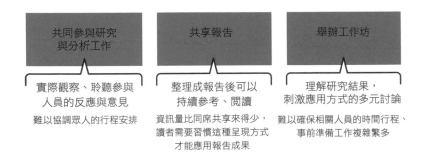

共同參與研究與分析工作	共享報告	舉辦工作坊
實際觀察、聆聽參與人員的反應與意見	整理成報告後可以持續參考、閱讀	理解研究結果，刺激應用方式的多元討論
難以協調眾人的行程安排	資訊量比同席共享來得少，讀者需要習慣這種呈現方式才能應用報告成果	難以確保相關人員的時間行程、事前準備工作複雜繁多

共同參與研究與分析工作

雖然也有在 UX 研究結束後再召開一個總結報告會議的方式，但如果能鼓勵相關人員抽出時間，邀請他們參加調查和分析工作也很有效果。如果想更加理解使用者，什麼資訊也比不過直接接觸第一手資料。邀請大家一同記錄資料、準備參觀室、現場直播，或是以影片形式保存檔案，盡可能地讓人接觸第一手資料。另外，讓相關人員參與分析工作，可以刺激更加多元的討論，從不同的視角解釋、分析我們所得到的資料。不過，如果要參加所有分析工作，很可能需要大量時間。請視人力與情況調整，即便相關人員只參加部分分析工作，也能產生良好的效果。

共享報告

將 UX 研究的結果製作成方便閱讀的報告形式，讓沒有參與 UX 研究的人也能迅速掌握情況，瞭解相關資訊。透過持續累積研究報告，方便人們隨時參閱，也有助於與相關人員建立持續而長期的合作關係。在成果報告的表現形式方面，可以提供「摘要說明」讓人一眼掌握概要，準備影片或會議紀錄，讓想詳細查看資料的人瞭解具體細節，配合相關人員想要的資訊詳細程度撰寫報告，會更加吸引人閱讀。例如，筆者正在進行的「Weekly UX 研究」（請見第 7 章），在成果報告中使用了如下內容架構：

① 研究主題
② 受訪者簡述
③ 摘要整理（關於各案件的考察內容）
④ 受訪者的詳細屬性
⑤ 各案件的調查目的、相關資料、調查成果、考察內容

在撰寫①～③部分時，請使用「即使是很忙的人，也能用短短 5 分鐘就能看完」的摘要方式。然後，在④、⑤部分詳細記述關於案件的內容細節，方便專案相關人員閱讀並用於今後的研究。當然，摘要與總結方法會根據專案狀況而有所不同，但大多數報告中的行文結構都是共通的，也就是由任何人都可以在幾分鐘內讀完的「摘要整理」，以及想瞭解更多的人可以加以參閱的「詳細結果和考察內容」。

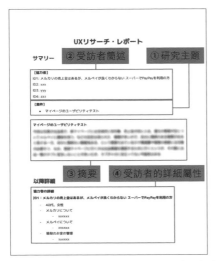
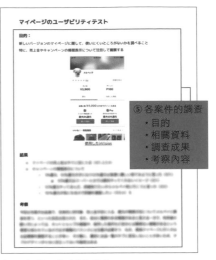

將研究內容、結果與考察內容整理為紙本報告

舉辦工作坊進行互動討論

將研究結果整理成報告是一種有效傳達內容的方法，但若是僅止於此，有時會讓人不知道具體該如何提出想法或對策。另外，和接觸過第一手資料的人相比，單憑閱讀報告，有時會讓資訊傳達效果不夠完整。這樣一來，從心情上來說，很容易陷入想要利用研究結果卻無法付諸具體行動的狀態。針對這種情況，不妨思考一下舉辦工作坊的可行性。比起單方面共享研究結果，舉辦工作坊的分享形式，更容易加深 UX 研究的學習，也能幫助採取具體的下一步行動。例如，我們可以在工作坊中探討使用者在遇到什麼樣的情境時會出現哪些反應與感受，他們會面臨什麼樣的課題等等。這時可以搭配由相關人員製作的顧客旅程地圖，刺激眾人參與討論，激發想像與創造力。以顧客旅程地圖（請參照第 4 章）整理 UX 研究結果，能夠幫助人們加深對使用者的認識與理解，從每一個顧客可能經歷的接觸點（touch point）進行腦力激盪。在意識到想調查清楚的問題和研究結果的應用的同時，還要考慮人們該進行什麼樣的對話、討論哪些內容細節，才能讓工作坊的效益發揮到最大值。

設計調查步驟

瞭解情況後，提出想要探索的問題，並想像如何應用研究結果之後，下一步是設計調查步驟，幫助我們有序回答這個問題。這個階段的具體工作包含，決定調查對象及選擇調查與分析方法。在這個基礎上，再進一步規劃時程以及討論 UX 研究的執行方式。以下逐一說明。

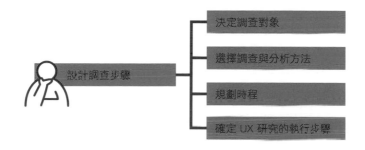

研究對象

在 UX 研究中，決定受訪對象非常重要。例如，如果這時想調查產品或服務的概念是否有助解決目標受眾的痛點時，萬一受訪對象與目標受眾完全不同，則有如緣木求魚，我們很難蒐集可供參考的資料。舉一個更具體的例子，請思考如何成功打造「專為敏感肌與注重肌膚保養的人而生的護膚產品」。假如這時以皮膚健康、完全沒有肌膚困擾的人作為調查對象，即便他們說出「我不需要這種護膚產品」，也無法作為改良產品的參考建議。另一方面，如果想針對 UI 進行調查，例如「能清楚看見網頁中的文字嗎？」和「姑且不論使用意願，（使用者）能否順暢完成操作」，則與前一個情況不同。這時，與其重視受訪者符合目標受眾的形象，不如更注重受訪者對平時使用的設備裝置，以及對服務的知識、視力、手指靈巧性。

如上所述，請根據我們想要明確探索的問題，選擇適合的受訪者。此外，也並非一定要募集實際的使用者。例如，如果想探索「姑且不論使用意願，（使用者）能否順暢完成操作」這個主題，可以邀請公司內或組織中對服務的操作不熟悉的人協助進行調查。相反，即使是實際使用者，要是請非常熟悉操作的人進行協助，對於探索 UI 有待改善的部分也不見得有太大幫助。

例如，以〈確定問題〉一節的 eKYC 案例為例，因為這是關於服務易用性的調查，與其以「eKYC 對人們是否有吸引力，是否會因此而想嘗試 eKYC」為調查重點，不如說我們更加注重「在操作方面，使用者能否順利完成 eKYC，能不能讓人感覺使用起來比想像中更簡單」。因此，我們刻意不篩選受訪者，從 20 多歲到 60 多歲，從習慣智慧型手機的人到不習慣智慧型手機的人，廣泛募集有可能使用 eKYC 服務的人們參與調查，進而探索人們覺得不好用、不想用的主要原因。

選擇研究與分析方法

研究進行到這一步，我們終於能考慮具體該使用哪些調查方法和分析方法了。筆者個人的定義是，為了取得資料而使用的方法手段是「調查方法」，而分析得到的資料而使用的則是「分析方法」。即使完整掌握情況，提出適切的問題，但如果不能妥善選擇調查方法和分析方法，也很難得到預期的研究結果和洞察。另外，從資源方面來看，既有可以用少數資源就能實施的方法，也有需要動用大量資源的方法。在選擇特定方法之前，請先思考該方法是否能該確實回答問題，並且落在合理實際的資源範圍，接著再繼續討論具體該如何使用調查與分析方法。比方說，如果我們想使用「使用者訪談」的形式，就必須詳細考慮問題內容和時間分配等細節。我們將在第 4 章中說明各式 UX 研究方法以及適用情境。另外，在第 7 章的案例分享中，將會分別介紹筆者實際在什麼情況下使用什麼樣的方法進行調查，希望能為讀者提供參考。

研究時程安排

瞭解專案情況後，可以在某種程度上知道在哪些時間點，我們需要達成什麼樣的研究結果。為了趕上這些特定的時間點，我們需要考慮研究時程的安排。<u>無論研究品質多麼一流，萬一錯過了期限或最佳時機，再有潛力的研究結果也沒辦法派上用場</u>。請事先估算一下想要執行的調查方式需要花費多長時間。此外，需要花費時間的不僅僅是調查工作本身。事前準備與事後總結，將研究節果總結為容易利用的形式，都是相當花費時間的工作。

比方說，如果是「問卷調查」，徵求符合研究目標的受訪者的事前準備工作也需要花時間。另外，將得到的資料與數據重新整理成視覺化的圖表，轉化成相關人員容易閱讀的形式也需要一定程度的時間。一開始難免會遇到不知如何估算工作時間的時候。第 4 章總結了幾個方法的必要準備和步驟，請當作參考，先讓自己從小處開始嘗試 UX 研究，培養關於各種工作細項可能需要花費的時間感。

整理計畫，準備開始

即使是 1 個人展開調查，也建議將你設計好的各階段計劃，整理成一份「研究計畫書」。〈專欄分享〉中介紹了筆者個人使用的研究計畫書，歡迎當作參考。請盡量以統一的格式撰寫，這麼做的優點是讓內容架構更容易閱讀，也能降低遺漏某處準備工作的風險。除此之外，還可以作為下一次調查的參考資料，統一的格式也方便與他人互相討論、交流。

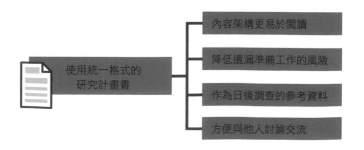

具體化呈現UX研究的實施步驟

將擬定好的計劃總結成一份研究計畫書後，這時要思考的是，如何推動、實施我們選定的調查和分析方法，並將所有的實施步驟具體化。在實施步驟方面，我會建議準備一份總結所有流程細節的「工作指南」。接著，我們可以模擬嘗試 UX 研究的步驟。例如，請相關人員擔任受訪者，按照工作指南所總結的步驟順序，試著模擬一遍整個調查過程，找出不順暢的地方，以及實施步驟中可能漏掉的地方等。另外，我們也可以從扮演受訪者角色的人們那裡獲得改進建議等，例如哪個問題讓人難以理解等。然後，我會將這些意見或發現記錄下來，更新工作指南上的內容。本書在附錄內容中準備了筆者使用的工作指南範本，歡迎各位讀者下載使用。

研究主題				
研究對象				
時間	資料	說明・問題	ID1 的紀錄	ID2 的紀錄
		事前說明		
		調查內容1		
		步驟 1		
		觀察觀點 — 問題 —		
		步驟 2		
		— 問題 —		
		…略…		
		散會		

統整流程細節的工作指南示例

另外，即使是自己親手制定的研究步驟，過了一段時間也難免會忘記。在正式上場時可能會過於緊張而腦海一片空白。如果整理好實施步驟的話，就能更游刃有餘地應對這種狀況。此外，這份工作指南還可以幫助其他人瞭解調查流程，更快進入狀況，也能防範萬一負責人因病缺席而不得不換人主持 UX 研究活動等突發情況。

忘了自己規劃好的流程細節！

正式上場時太過緊張而腦袋一片空白！

身體突然不適，需要找人代為主持！

準備好工作指南，降低這些風險！

在工作指南上紀錄實施步驟時，記得要將調查活動前後的所有流程包含在內。例如，如果是使用者訪談，從「如何迎接受訪者」、「開場白的內容」，再到「獻上謝禮的時機」與「活動結束時該如何送客」等等都盡可能詳細地記錄下來。

至於分析工作的流程步驟，可以事先準備好書籍與參考資料。在尚未習慣各種分析手法的時候，經常會弄錯步驟細節。如果到中途才發現錯誤，可能會付出巨大成本才能重頭再來。

綜上所述，盡量寫出步驟並加以整理，完美做好事前準備。但是，從短期來看，這些準備工作也有其成本。從小處開始 UX 研究的時候，也無需一板一眼地認為「必須將步驟統整到最完美的狀態再開始」。根據你自身的情況與步調，慢慢整理即可。從長遠來看，這麼做一定能提升效率，讓你和夥伴的工作變得更加輕鬆。

徵求受訪者的準備工作

除了為開展調查做好準備之外，我們還需要進行名為「招募（recruiting）」的事前準備工作，也就是徵求受訪者，讓他們實際參與調查。在這個環節中，我們還會對受訪人員進行「篩選（screening）」，根據受訪者的條件特徵，選出符合的人參與研究。在這一階段，可以準備事前問卷，邀請受訪候補者填寫回答，由此尋找符合研究條件的人們。另外，如果要委託調查公司進行這些工作，也需要事先與調查公司簽訂合約。千萬不要落得好不容易做好了執行 UX 研究的一切準備，結果卻沒能募集到合適受訪者的處境。第 6 章將會詳細說明如何有效率進行招募。

本章回顧

☐ 在決定 UX 研究方法之前，首要前提是瞭解情況並確定研究問題。

☐ 在最一開始就預測應用 UX 研究的結果及時機，以此為前提進行設計。

☐ 盡可能具體化呈現研究計劃和流程步驟，提高研究品質，降低潛在風險。

如何寫出好的研究計畫

為了提供靈感給第一次撰寫研究計畫書的人們，在此介紹筆者所使用的範本，以及包含實際專案的具體範例。歡迎讀者下載附錄檔案的範本。

研究計畫書（範本）

【狀況理解（背景）】

● 在業務上遇到了什麼樣的課題

● 想透過研究結果做出什麼樣的行動

【問題（目的）】

● 想要明確瞭解哪些事情

【對象】

● 想要調查哪些人

【手法】

● 具體的調查方法、分析方法

【調查項目】

● 想調查哪些項目

【預想的應用結果】

● 可能的輸出形象？

● 這個輸出形象可以由誰做出決策並加以應用呢？

【時程與負責人】

● 任務與交付日期

● 負責人

【費用】

● 各種開銷的費用

● 費用由哪個單位或部門負擔？

研究計畫書（實例）

【狀況理解（背景）】

- 在上一次研究中，受訪者大多為剛開始使用 Merpay 服務的人。
  - 想更加瞭解持續使用此服務，讓 Merpay 變成日常生活一部分的人們

【問題（目的）】

- 探索在日常生活中持續使用 Merpay 的人們願意持續使用的原因，想要瞭解如何更加拓展 Merpay 的利用範圍
  - 如何得知店家支援 Merpay 支付？
  - 使用 Merpay 的方式與時機？
  - 和其他支付方式的差異？

【對象】

- 與行銷活動無關的既有使用者（6 名）
  - 持續使用 Merpay 的使用者
- 透過行銷活動而開始使用的使用者（4 名）
  - 以上次行銷活動為契機，開始持續使用 Merpay 的使用者

【手法】

- 深度訪談
  - 採取遠端模式

【調查項目】

- Merpay 成為日常生活一部分的過程
  - 對於支援 Merpay 的店家之印象
  - 使用形式的變化
  - 學會使用 Merpay 的過程
  - 從中感受到了哪些價值？
  - 等等（詳細內容請參照其他訪談資料）
- 與推廣活動的相關性
  - 是否知道推廣活動的細節與參加條件？
  - 為何願意參加本次推廣活動？
  - 活動結束後仍願意持續使用的原因？

【預想的應用結果】

● [開發部] 提供服務改進對策

● [行銷部] 為下次行銷活動提供設計靈感與回饋

● [資料分析部] 為顧客留存率提供量化資料，提升分析的準確性

【時程與負責人】

● 時程

  ● 事前會議　　　　　　　　3/12～

  ● 確認受訪者的資料　　　　3/17～

  ● 專案啟動會議 確定活動細節　4/6～

  ● 篩選用的事前問卷設計　　4/6～

  ● 發送問卷　　　　　　　　4/13～

  ● 與受訪者協調訪談時間　　4/15～

  ● 深度訪談（預計 10 名）　4/20～

  ● 資料分析　　　　　　　　5/11～

● 負責人

  ● 數據整理（資料分析師）

  ● 問卷製作（UX 研究組）

  ● 發送工作／時間協調（UX 研究組）

  ● 訪談（PM ／ UX 研究組）

  ● 紀錄（委託外部公司）

【費用】

● 謝禮費用：○○萬日圓

● 訪談速記費：○○萬日圓

關於研究計畫書的解說

製作研究計畫書的重點在於，不要一開始就想做得完美，而是一面與相關人員溝通，一面更新計畫書的內容。話雖如此，如果未能得出一個定案，一切都得從零開始的話，一邊溝通討論，一邊撰寫計畫書的內容架構，會花費相當多的時間。因此，筆者會事先草擬一份研究計畫書，接著再和團隊確認 UX 研究的大方向目標，並討論具體細節。

首先，為了明白這次 UX 研究想要解決這個問題的背景脈絡，在【狀況理解】的部分寫下，至今為止哪些是我們已經明確知道的事情，哪些事情是尚未釐清的。在此基礎上，在【問題】部分簡潔寫下想要探索的問題。我們還用條列的方式寫下了幾個特別想要探索的部分，當然也可以將這些內容可以紀錄在【調查項目】。

本次 UX 研究的對象有 2 組，因此在【對象】中詳細紀錄了關於各組受訪者的預期條件。我先草擬了一次預期條件，然後和資料分析師一邊討論，一邊細化。實際上也出現了想像與現實難以相符的條件，因此，最好將條件草擬好後再一次進行對照與調整。

在【手法】方面，我選擇了「深度訪談」。至於【調查項目】方面，加入了許多在專案啟動會議當時，相關人員提出想更加瞭解的內容。另外，在這個時候，要好好思考「想如何在專案中運用研究結果，能夠發揮什麼樣的成果？」等問題。以這樣的思考練習為基礎，與預想的「輸出形象」進行比對。為了切實取得成果，讓我們靜下心來，與團隊或各部門進行深度溝通，仔細地進行規劃。

在最初的「狀況理解」階段，先對資源和時程具備一定程度的理解，接著在看見了 UX 研究的整體情況後，再仔細地掌握與細化。最後，不能忘記的是費用方面。如果不事先考慮預算限制的話，之後就會不得不重新考慮整個研究計劃。另外，也請事先商量一下費用會由哪個單位或組織承擔。

第 4 章

UX 研究的方法

有哪些方法？

讓我們認識 UX 研究的各式方法，瞭解它們各自的使用時機。本章介紹所有方法，都是能夠單獨寫成一本書深入探討的主題，有興趣瞭解更多的讀者歡迎參考本章各節附上的參考書籍。

目標階段	1	2	3	4	5
本章可幫助讀者	瞭解UX研究的各式方法 選擇適當方法				

本章介紹的幾種方法

UX 研究的方法非常多元，本章將聚焦在筆者經常使用的幾個方法，主要包括「**使用者訪談**」、「**可用性測試**」、「**概念測試**」。此外，也會簡略介紹問卷調查、田野調查、日誌研究等，以及質性資料的分析方法。學會新的方法後，也許你會想立刻使用，但是，千萬別忘記 UX 研究的目的，要冷靜選擇合乎研究目的適切方法。如第 3 章所述，我們透過調查方法取得資料，然後利用分析方法解讀這些資料。

方法名	應用情景	分類
使用者訪談 田野調查 日誌研究	深入研究一位受訪者（主要為探索式研究）	調查手法
問卷調查	對受訪群體進行量化研究（主要為驗證式研究）	調查手法
可用性測試 概念測試	使用原型來驗證假說、探索課題（驗證／探索式研究）	調查手法
KA 法 SCAT mGTA KJ 法	仔細分析質性資料	分析手法
人物誌 顧客旅程地圖	以使用者視角清楚呈現資料	分析手法
服務藍圖	從服務整體視角清楚呈現資料	分析手法

使用者訪談

正如其名,「使用者訪談」是透過採訪使用者來獲得資料的方法。

使用時機

使用者訪談的好處在於,能夠聽見受訪者的心聲,深入探測他們的想法。根據不同的研究目的,可以針對特定事件或經驗,詢問人們在當下的感受等問題。在訪談過程中,不僅僅是問我們事先準備好的問題,還可以根據對方的回應靈活地挖掘想深入瞭解的部分。此外,還可以觀察受訪者的肢體語言和臉部表情等非語言行為。使用者訪談能夠幫助我們探索此前未曾出現過的全新觀點,或是為建立新的價值主張或商業假設提供參考情報。不過,使用者訪談的結果很難量化。如果想以量化研究的方式分析使用者訪談的發現,則可以搭配使用問卷調查等方法。

「在何時、何地,具體發生了什麼事情」等,可以靈活地向受訪者挖掘想深入瞭解的問題。

除了口語訊息之外,還可以觀察表情或肢體語言。

設計方法

根據不同的研究目的,使用者訪談有多種實施方式,以下針對 UX 研究的常見方法進行介紹。

一對一或一對多訪談

在設計使用者訪談活動時，首先要考慮的是，我們要採用一對一訪談還是一對多訪談。以一對一形式進行的「**深度訪談**」，可以深入聆聽、觀察一個人的想法與態度。但是，因為這是對每個人進行採訪，所以需要花費相當程度的時間。其次，以一對多形式進行的採訪方法有「**焦點團體訪談**」。在團體訪談的特色包括，參與者與他人互動、腦力激盪後得出意見，比一對一的深入訪談可以更快速地得到多元的答案。另一方面，團體訪談的對話過程容易受到某參與者的話語引導而偏向某種答案。

在實際的 UX 研究工作中，更加重視每位使用者的意見，因此大多傾向使用「深度訪談」。

深度訪談
一對一

深入瞭解一位受訪者的
意見與態度，因此相對
耗時。

焦點團體訪談
一對多

可以同時聆聽多位受訪者的意見
刺激多元互動與討論
容易受到某位受訪者發言而偏向
某種答案

訪談的提問架構

使用者訪談有幾種提問架構，可分為結構式、半結構式和開放式訪談。「**結構式訪談**」採取一問一答的形式，只會向受訪者提問事先準備好的問題。這樣可以盡量排除因訪談員能力經驗而異的人為因素。在結構式訪談中，由於我們向多位受訪者提出完全相同的問題，因此比較各受訪者的回答會變得相對容易。

其次，「**半結構式訪談**」雖然在某種程度上準備了提問大綱，但只要符合研究目的，即使是沒有預先準備的提問項目也可以臨場發揮，向受訪者提出追加問題。相較於結構式訪談，這種訪談形式可以讓訪談員隨機應變地深入挖掘有趣的個人故事或經驗，將訪談重點聚焦在受訪者的興趣和經驗，針對有可能獲得新發現的部分追加提問。另一方面，這種訪談形式需要訪談員當場思考問題，需要注意時間分配，對於訪談員的訪談技巧與能力的要求較高。最後是「開放式訪談」，這是一種不準備提問內容的訪談方法。由受訪者自由發表意見，受訪員隨後再提出相應問題，藉此深入瞭解受訪者的想法。這種訪談形式，有時能夠讓訪談員引導出超乎預期觀點的訊息。但是，比起半結構式訪談，開放式訪談需要更加進階的訪談技巧。另外，受訪者意見與想法等皆因人而異，絕非一致的答案，在分析與詮釋資料時需要更多時間。

在筆者的實際工作中，會將明確的研究目的與時間限制納入考量，經常使用半結構式訪談的形式。第 7 章的案例研究「maruhadaka PJ」中，介紹了筆者使用深度訪談的經驗，包含如何準備提問大綱的具體細節，讀者可以搭配該節內容閱讀。

名稱	簡述	提問的自由度	資料的一致性
結構式訪談	採取一問一答的形式，只會向受訪者提問事先準備好的問題	✕	◎
半結構式訪談	準備提問大綱，也可以向受訪者提出追加問題。	○	○
開放式訪談	沒有預設的提問內容，能夠讓訪談員引導出超乎預期觀點的訊息	◎	✕

設計提問大綱

採用結構式訪談或半結構式訪談時，需要事先準備問題。我想在此簡單談一下如何設計深度訪談的提問大綱。

為了確定最後想提出哪些問題，首先，請先寫下腦海中想到的任何內容。在這個階段，重視問題的數量而不是品質，所以請盡可能多寫。如果想到一個問題，可以再透過「5W3H 提問法」進一步探討。

- 「5W3H 提問法」
- Where（地點）
- How（如何）
- What（事）
- Why（原因）
- How much（費用、時間多寡）
- When（時間）
- Who（人物）
- How often（發生頻率）

在這個階段，不要一個人苦思冥想，請與 UX 研究的相關成員聚在一起集思廣益，從更多元的視角找出可用於訪談的問題。此外，提問內容不只限於產品或服務本身，例如「（受訪者）是怎麼樣的人？」、「（受訪者）過著什麼樣的生活？」等能夠瞭解受訪者的興趣愛好和生活方式等的問題也很重要。

盡可能提出大量的問題內容後，接下來要對這些問題進行分類。將相似主題的問題放在一起，加上分組標籤（如：主題名稱）。

看著這幾個分類好的主題，進而決定以什麼樣的優先順位進行提問。由於訪談時間有限，可能會出現一些來不及提問的問題。請刪掉順位較低的問題，將問題數量調整到訪談時間內。一開始，會很難判斷每個問題可能需要多長時間，請透過事前的「走查」練習，適當地進行調整。另外，有些問題會對後續的提問內容帶來偏差。例如，在請受訪者分享關於服務的良好經驗後，如果接著問：「那麼您對整體服務的印象如何？」通常，受訪者的回答也會偏向正面印象。在設計問題的先後順序時，請盡量避免為訪談過程引入偏誤。

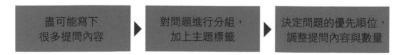

盡可能寫下很多提問內容　▶　對問題進行分組，加上主題標籤　▶　決定問題的優先順位，調整提問內容與數量

實施流程

確定提問內容與大綱後，終於要開始實施使用者訪談了。在 UX 研究的過程中（請參見第 3 章），執行研究是取得分析資料的關鍵步驟。在這裡，我們將深度訪談的流程分為「開場」、「正式訪談」及「收尾」這三個階段。

開場

在實施研究時，研究倫理是絕對不能忘記的大前提。為了不對受訪者帶來不利影響，必須仔細說明研究內容並獲得受訪者的同意。從訪談中預計取得什麼樣的資料、諸如資料保管方法等處理方式、對於取得資料的使用權利、使用範圍、使用目的等，以及受訪者可以自由參與退出，不會因訪談中斷而對他們產生不利的情況等，好好說明以上幾點事項，並以書面形式取得同意。如果向受訪者展示未公開的訊息時，請與他們簽訂保密同意書。

另外，不要讓受訪者在訪談過程中感到不快。好比「畢竟我們有支付酬勞，受訪者好好配合我們是理所當然的」這類怠慢的想法是大忌。盡量保持中立，這一點也很重要。即使有你想要聽到的回答，也要克制自己忍住不進行誘導式提問。不打斷受訪者的發言，也不要反駁，請讓受訪者按照自己的想法自在分享。另外，沒有必要為受訪者的發言下總結，例如：「你剛剛的發言是這個意思對吧？」在開始訪談時，必須確實意識到這幾個重點，從訪談活動的開場到尾聲，都要貫徹同樣謙遜謹慎的態度。

在使用者訪談的開場階段，為了讓受訪者坦率地說出自己的想法，必須在此時和受訪者建立「投契關係（rapport）」[*1]。因為在使用者訪談中，我們想聽到的不是放諸四海皆準的標準或客套回應，而是受訪者的主觀想法與態度。對受訪者尊重以待，對他們的回答表達傾聽意願。具體技巧包括在訪談時坐姿可以稍微向前傾斜，適當點頭表示鼓勵，注視受訪者的眼睛等。此外，不要突然進入正題，

先從容易回答的輕鬆話題開始提問，例如居住地或假日的休閒活動等，緩和一下氣氛。

> *1：說話者與傾聽者之間所建立的信賴關係。Rapport 在法文中表示情感親密或相互信賴的關係。

正式訪談

在與受訪者建立了投契關係之後，終於要進入正題，也就是正式訪談。使用者訪談是讓受訪者說話的場合。為了充分把握這難得機會，請將訪談員的發言次數降到最低，將目標放在引導受訪者說出想法。下一頁總結了使用者訪談的實用技巧，請務必對照閱讀。

有時，受訪者的發言難免可能偏離研究主題。儘管這時的發言內容可能讓人津津有味，不知不覺想繼續聽下去，但是為了將事先擬定好的問題問完，這時可以試著修正話題的走向，控制在表定訪談時間內。另外還有一種狀況是，在使用者訪談中，如果受訪者變得沈默，訪談員會因為感到尷尬而不自覺滔滔不絕。這時，請先釐清受訪者是否沒有聽懂問題，或者是在思考如何回應，確認受訪者沈默的原因。沈默並不一定是件壞事。

收尾

在訪談的尾聲，請確認目前為止所聽到的內容是否正確無誤，或者可以提出忘記提問或想追加提問的內容，也可以問受訪者：「最後，還有什麼想說的嗎？」、「關於服務，您有什麼想傳達給我們的事情嗎？」等問題。有時候，受訪者會在此時滔滔不絕地說出訪談員意想不到的事。此外，讓受訪者抒發己見會令他們覺得受重視，提升受訪者的參與感與滿足感。

在訪談結束時，別忘了要傳達必要的說明事項。例如訪談費的支付方式，以及相關聯絡人資訊等。另外，假如訪談後沒有後續事宜的話，記得要說：「接下來不會有其他事宜」，讓受訪者感到安心。請向協助研究的受訪者表達真誠的感謝，以微笑與他們告別。

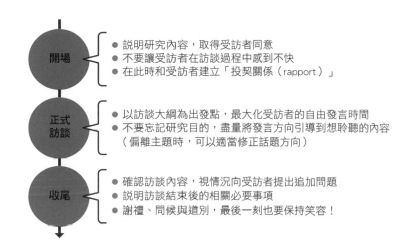

開場
- 説明研究內容，取得受訪者同意
- 不要讓受訪者在訪談過程中感到不快
- 在此時和受訪者建立「投契關係（rapport）」

正式
訪談
- 以訪談大綱為出發點，最大化受訪者的自由發言時間
- 不要忘記研究目的，盡量將發言方向引導到想聆聽的內容
  （偏離主題時，可以適當修正話題方向）

收尾
- 確認訪談內容，視情況向受訪者提出追加問題
- 説明訪談結束後的相關必要事項
- 謝禮、問候與道別，最後一刻也要保持笑容！

訪談技巧

最後，我想介紹一些可運用在使用者訪談中的技巧，營造出更加自在的談話氛圍，讓他們願意敞開心扉，深度分享個人想法，幫助我們獲得好的資料。

訪談技巧	使用時機
靈活運用封閉式與開放式問題	讓問題變得更容易回答
用「5W3H」深入挖掘	比起問「為什麼？」，更能獲得更加具體細緻的回答
傾聽與復述	以肢體姿勢表達傾聽意願，鼓勵受訪者發言
請受訪者列舉與類比	透過列舉與類比，捕捉事物的特徵
重新框架	以未曾想過的視角重新思考
間接提問	在探問私人問題前進行鋪陳
提供多個選項	緩和提出誘導式問題的衝動

89

靈活運用封閉式與開放式問題

封閉式問題是可以用「是」和「否」回答的問題，可獲得便於進行分析的事實與數據，而**開放式問題**讓受訪者抒發己見，主要用來獲得無法從選擇題或其他封閉式問題取得的資訊。封閉式問題容易回答，適合在使用者訪談的開場階段作為暖場，但這類型的問題可回答的範圍較窄，不容易引導出精彩、有深度的想法。請根據研究目的，在訪談中靈活搭配封閉式問題與開放式問題。

● 結合封閉式與開放式問題的提問範例

「您喜歡晴天嗎？」（封閉式）

「晴天會帶給您什麼樣的感受？」（開放式）

● 開放式問題的連續提問範例

「您覺得今天的天氣如何？」（開放式）

「這樣的天氣會帶給您什麼感受？」（開放式）

用「5W3H」深入挖掘

如果出現你想深入挖掘的話題時，可以使用「5W3H」提問法。例如，假設受訪者回答了「喜歡美式鬆餅」，那麼可以接著問「喜歡美式鬆餅的原因是？」、「喜歡美式鬆餅的什麼部分？」、「通常在哪裡吃美式鬆餅？」、「喜歡在什麼時候吃？」等等，只要將問題描述地更具體，就可以問出更詳細的回答。不過，請斟酌使用「5W3H」架構，因為想請受訪者深度分享的那些話題，不見得完全適用所有問題。

傾聽與復述

所謂的「復述」，是一種以重複受訪者所說的話的傾聽方式，既可以展現正在聆聽的態度，也可以進一步鼓勵受訪者繼續發言。但是，如果將受訪者說的話復述太多次的話，有時會人感到不適，因此要拿捏好重複的頻率。

- 復述範例
  - 受訪者：享用美式鬆餅，是我生活的意義。
  - 訪談員：是您生活的意義嗎？
  - 受訪者：是的。對我來說，尋找下次想去的鬆餅店，也是充滿意義的一件事。

請受訪者列舉與類比

「您所說的這個東西，類似於什麼東西呢？」的問法，是透過讓人們思考相似的東西來引導發言的訪談技巧。不過，受訪者難免會一下子想不出相似或可以類比的事物，在這種時候，請別忘了告訴受訪者：「請您不用勉強，如果想不出來的話，說『想不出來』也沒關係的」，不要勉強受訪者一定要給出答案。

重新框架

所謂的「重新框架（reframing）」，是一種透過改變現有觀點來進行詢問的訪談技巧，例如「可以說成是～」或「可以想成是～」等等。但是，將想法或語句重新框架時，有可能對受訪者的想法引入偏差（bias）。與其在開場使用，不如在受訪者的發言告一段落時，而你想再進一步挖掘的時候使用。

間接提問

這是詢問令人難以直言的問題時所使用的訪談技巧，諸如「您怎麼看待借錢這件事？」。受訪者即使只想說較為中立的意見，也能捕捉出符合個人特色的想法或觀點。但是，受訪者可能為了想符合社會主流價值，而勉強說出自己不認同的回答。最初，以間接方式提問後，可以搭配「如果換作是您，您會怎麼想／您會怎麼做」等問句，讓受訪者將自己放入問題情境中，從自身角度思考問題。

提供多個選項

為問題的回應提供多個選項，是一種讓人容易回答問題的技巧，也可以緩和訪談中出現誘導性問題的狀況。舉例來說，如果只詢問「所以，這個服務給您留下正面印象嗎？」，可能會出現令受訪者苦惱如何回答的狀況，例如：「不，也不完全是這樣……」。這時，不妨將你的問句改成：「服務帶給您的印象是正面的嗎？還是負面印象呢？或者兩者都不是？」等選項。比起被問起「（產品或服務）給您什麼印象？」這樣疏於架構的問題，提供多個選項的提問方式，更容易向受訪者傳達訪談員預期的回答內容。不過，因為給出了回答選項，也變相地限縮了回答的範圍，即使受訪者除了正面印象或負面印象之外還感受到了其他印象，我們也無法從這時的回答得知。在訪談的大部分時候，就以開放式問題為提問主軸。

✚ 參考書籍

● 奧泉直子的《マーケティング / 商品企畫のためのユーザーインタビューの教科書（暫譯：專為行銷與商品企劃而寫的使用者訪談參考書）》

這本書詳細說明了使用者訪談的計劃、準備、執行與考察等各個過程，推薦作為使用者訪談的第一本入門書。

● Steve Portigal 的《Interviewing Users: How to Uncover Compelling Insights（暫譯：使用者訪談）》

如書名所示，這本書詳盡介紹了 UX 研究的使用者訪談方法，資料記錄方法與結果應用方法也值得參考。

可用性測試

可用性測試是一種評估可用性（好用與否）的方法。目前，關於可用性的定義有好幾種，例如丹麥的網頁易用性顧問雅各布‧尼爾森（Jakob Nielsen）就提出了以下關於易用性的五個價值要素。

- **易學性**

  是否為可立即使用的系統

  使用者是否能夠快速學習

- **效率**

  學會後是否能夠提高生產效率

  是否可以高效使用

- **記憶力**

  即使暫時不用，再次使用時是否能立即回想

- **錯誤率**

  是否可以降低錯誤發生率

  即使發生錯誤也可以恢復運作，而且是否不會發生致命錯誤

- **滿意度**

  使用者個人的滿意與否

  使用者是否使用愉快、變得喜歡

使用時機

為了提升服務的整體或特定功能、UI 介面的易用性，可用性測試可以幫助我們探索潛在課題與改進之處。使用時機大致上可分為服務發布前與服務發布後，在發布前進行可用性測試的好處是，在開發階段就能發現問題並即時修正，降低返工或重做的頻率。此外，

在服務發布後繼續進行可用性測試也很重要，透過瞭解使用者的實際使用情形，可以獲得關於服務的意見回饋與新功能的點子。

	發布前	發布後
使用場景	● 確認服務的整體使用流程順暢無礙 ● 提升特定機能或 UI 介面的可用性	● 掌握使用者的實際使用情形 ● 運用日誌資料，探索可能存在問題的功能或介面並挖掘其原因
準備事項	● 原型設計 ● 開發環境	● 生產環境
優點	● 在開發階段就能發現問題並即時修正，降低返工或重做的頻率 ● 在服務發布前找出重大錯誤	● 獲得關於服務的意見回饋與新功能的點子

設計方法

探索與驗證

如第 2 章所述，探索式研究和驗證式研究都適用可用性測試。讓我們先從瞭解情況開始，掌握可用性測試的實施目的。比方說，如果此時想要探索產品或服務的潛在課題，最好先讓使用者使用目前版本的產品或服務，探索出有待解決的問題，確定問題的優先順序，將解決方案化為原型設計，在下一次的可用性測試進行驗證。另一方面，如果已經確定課題，也準備好價值主張或商業假設，那麼就從驗證開始。

設計任務與場景

在可用性測試中，我們會要求受訪者完成指定任務，並觀察人們的操作過程，從中獲得洞察。請將希望受訪者執行的任務傳達給他們。在人們執行該任務時，將想要仔細觀察的要點確實記錄下來。另外，向受訪者形容任務的想像場景，也有助於他們執行任務。

場景	你在電視節目中看到行動支付的專題報導而感到好奇，原來平時常用的APP也可以用智慧型手機的行動支付功能結帳。這時，你想要馬上試用行動支付功能，因此來到了便利超商。
任務	在便利超商使用行動支付功能結帳。

預計時長

如果要對服務的某一個功能進行可用性測試的話，每一種測試大約安排 20 到 30 分鐘就綽綽有餘。根據筆者本人的經驗，在實施約 30 分鐘的使用者訪談後，會接著請受訪者進行 3 種可用性測試，訪談加上測試時間總共為 90 分鐘。

讓測試可重複且變得輕鬆

筆者在實施可用性測試時，不是每次都從頭召集受訪者，而是將這個活動納入例行的 UX 研究中（請參考第 7 章的〈Weekly UX 研究〉）。如果想要調查「人們是否想使用該功能」，雖然需要將受訪者範圍縮小為符合目標客群的對象，但產品或服務的易用性是為了所有使用者而存在，因此，我們重視從多樣化的受訪者獲得豐富的回應，也重視探索與驗證的快速迭代。雅各布・尼爾森曾如此說道：「邀請 5 位使用者進行可用性測試，就能發現 85% 的問題。」舉例來說，如果可用性測試的參與人次總計為 15 人，那麼比起邀請 15 人進行 1 輪可用性測試相比，邀請同樣的 5 個人進行 3 輪測試，更容易找出潛在課題。

善用數位展台

如果想要觀察受訪者使用智慧型手機的操作情形，那麼數位展台是一個不錯的選擇。如下圖所示，還能同時觀察手指的移動情形。

實施流程

1. 事前訪談

在這個階段，由主持人（moderator）[*2]詢問受訪者的基本資料以及關於任務的背景知識。受訪者至今為止是否有過與任務相關的經驗，將會影響任務執行的結果。假設受訪者順利完成任務，那麼需要推測一下，這是因為服務確實容易使用，或者只是因為受訪者有經驗而習慣了。

> *2：向受訪者進行任務說明或提問的角色。

2. 執行任務

向受訪者說明任務場景，請他們執行任務。除了口頭說明之外，不妨將任務場景和任務以書面形式提供受訪者參考。在他們執行任務的期間，請努力仔細觀察受訪者的行為。

3. 事後訪談

首先，請受訪者分享執行任務的感想，如果在觀察時出現了令你在意的狀況，請在這個階段詢問受訪者。

實施重點

請受訪者邊想邊回答

請受訪者在操作的同時，將腦中所想的事情說出來，有助於加深觀察時的理解程度。在請受訪者配合時，可以這麼說：「雖然您可能會覺得這樣子像是在自言自語，也許會感到不好意思，但是我想參考您當下在腦中出現的想法，比如您可能對哪些東西感到困擾，因此，能請您一面將想法說出來，一面進行操作嗎？」

「請想像現在您是一位 YouTuber，能麻煩您一面說明一面操作嗎？」這種說法也能幫助受訪者進入狀況。只是，對於不習慣想到什麼就說什麼的人來說也許很困難。如果受訪者持續沈默，為了促進他們思考與發言，這時可以用這種方式詢問：「請問您現在在想些什麼？」

在一旁耐心觀察

在可用性測試中，向受訪者說明場景和任務之後，要盡可能讓他們自由操作。在可用性測試結束之後，可以一邊回顧（影片或紀錄），一邊請教受訪者在執行任務時感到不明白的地方，透過訪談深入挖掘。

萬一受訪者弄錯了使用方法，或者操作起來很費勁的話，也許你會很想在中途提供協助。但是，請盡力克制這種衝動，持續仔細觀察受訪者的行為。另外如果被受訪者問到「這是什麼意思？」、「如果按下這個按鈕會怎麼樣？」等問題，這時你可以回答：「請不用在意對錯與否，能請您告訴我您是怎麼想的嗎？」，讓受訪者從自身觀點進行思考。如此一來，我們將會更容易理解受訪者的認知方式，進而探索與確認產品或服務的可用性問題。

增加證人

在可用性測試中，親眼看見人們表示產品或服務很難用或感到不滿，有時會令人震驚。但是，當更多的人成為了可用性測試的目擊證人，有助於讓人確實意識到「我們自認的易用性」和「別人感受到的易用性」是兩回事，這是打造優質、好用服務的第一步。因此，筆者會錄製並轉播可用性測試的實施情形，並儲存為影片，作為參考資料。

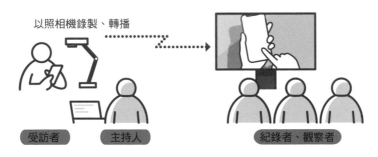

以照相機錄製、轉播

受訪者　　主持人　　　　　　　　　　　紀錄者、觀察者

注意事項

準備要充分

使用原型進行可用性測試時，務必事先進行走查演練，確認產品或服務的原型在呈現上符合預期。在筆者參與的行動支付和金融服務等專案中，非常注重服務原型的畫面中顯示金額的一致性。由於受訪者處於不同尋常的操作環境，因此，他們會傾向參考原型畫面所顯示的金額，透過一樣的資訊來連結不同畫面。就像這個例子一樣，根據各自的業務領域和服務特徵要素，在製作原型要凸顯或注重的部分也會有所不同。

注意任務的執行順序

在可用性測試中要求受訪者完成多個任務時，需要注意各任務的實施順序。受訪者透過執行任務來認識服務全貌，因此，順位在前的任務可能會成為使用服務的一種提示。此外，在上一個任務中所習

得的內容，有時可能干擾受訪者執行下一個任務。希望受訪者在全新、未知的狀態下完成的任務要安排在前，將即使對服務有了某種程度的認識也無礙的任務安排在後。再者，為了避免受訪者在執行多項任務時感到混亂，請設計一個適用於整場可用性測試的設定架構。例如，向受訪者說明任務時，你可以說：「假定現在是1月」為場景設定日期和時間，以及「假設花了○○日元」等金額設定，將這些條件統一套用於多個任務，盡可能避免受訪者感到混亂。

如上所述，由於受訪者透過執行任務，變得更加認識服務，因此，想要純粹比較兩個點子的優劣之分是很困難的。「想知道A和B哪個比較好」就是在我提供顧問服務時經常被人們問到的問題。對此，假設我們按照由A到B的順序，請受訪者依序執行任務。首先，當受訪者接觸到A的時候，將會習得一定程度關於該服務的認知。再者，此時受訪者是以A的經驗與習得的知識為前提來看B，而不是像初次接觸服務一樣，抱著嶄新的心情進行體驗。實際上，如果有人向我請益關於上述情境的對策，我會告訴他們，即使想要驗證兩者的優劣順序，測試能提供的資訊也有限，僅止於可供參考的程度，因此在分析或詮釋調查結果時也必須意識到這一點。

不要只侷限於測試結果的好壞

雖然可用性測試的名稱中出現了「測試」一詞，但這並不是學校的期中考試，我們想衡量的並不是受訪者是否在測試時間內準確完成越多任務越好，也不僅僅是想評價任務的完成率和可用性的好壞，而是透過可用性測試，獲得寶貴的學習洞察，以期打造更加優質的服務。不要將眼光侷限於結果好壞，更重要的是，透過這些經驗與觀察能夠激盪出什麼樣的行動，持續開發或改善產品與服務。

➕ 參考書籍

- Jacob Nelson 的《Usability Engineering（暫譯：可用性工程）》

  這本書介紹了可用性的學術理論與背景脈絡，有助於全方面瞭解何謂「可用性」以及實施可用性測試的方法及優點。

- 樽本徹也的《UX リサーチの道具箱 II ユーザビリティテスト 實踐ガイドブック（暫譯：UX 研究的工具箱 II 可用性測試的實踐指南）》

  如果想掌握更具體的實踐方法，那麼我會推薦這本書，照著書中說明開始動手實施。

- 「Ergonomics of human-system interaction ── Part 11: Usability: Definitions and concepts」（https://www.iso.org/obp/ui/#iso:std:iso:9241:-11:ed-2:v1:en）

  可以參考 ISO 所記載關於可用性的相關標準，此網址詳細羅列了可用性的定義與概念等內容。

概念測試

「概念測試」是在實際投入服務開發之前，驗證價值主張或假設是否能夠滿足使用者需求、成功吸引使用者的一種研究方法。在質性研究或量化研究中都可以運用概念測試，本書將著重介紹質性研究中的概念測試。

想實施概念測試，你需要準備的東西如概念板、分鏡腳本、影片等各種形式，各自具備不同的效果。概念測試的優點是，在將想法付諸行動並呈現在大眾面前之前，在早期階段先行評估、驗證點子與構想。例如，如果採用概念板的形式，只要準備紙張或 PPT 簡報，

就足以獲得有價值的洞察，不需要涉及設計和開發工作，所有人都可以參與進行。你只需要在概念板上簡單記下服務的設計圖或照片、預期使用場景，以及服務可提供的功能等內容。

舉例來說，在撰寫本書時，我們就使用了概念板的技巧。向目標客群展示這則概念板，詢問他們：「實際上，您有沒有過如使用場景所描述的煩惱呢？」、「本書所提供的內容，能夠為您解決煩惱嗎？」等問題，對點子與構想進行驗證，這些內容也許令對方感到期待，也可能不以為然，進而讓我們意識到必須修正方向。

idea 可以學習如何實踐 UX 研究的著作

使用場景	預期效果
● 你剛開始學習如何實施 UX 研究。身邊沒有熟悉這個主題的人，且這不同於目前為止的工作經驗，心中的不安越來越大。 ● 在此時，你發現了一本可以學習如何實踐 UX 研究的著作。	● 認識 UX 研究，學習如何開始與設計 UX 研究以及相關研究方法 ● 為了在組織中推廣 UX 研究文化，學習如何吸引志同道合的成員以及持續推動 UX 研究實踐的訣竅與心法 ● 透過業界的真實案例，學習可以立即應用的知識技巧

使用時機

評估服務策略與必要條件的階段，是執行概念測試的最佳時機。例如，在 Merpay，我們應用了概念測試來評估「轉帳‧收款」的服務策略和行銷計畫（詳見第 7 章）。概念測試並不是一步到位的研究方式。我建議以習得的洞察為基礎，一方面改善現有的點子或想法，一方面嘗試不同的概念或構想，累積更多洞察，然後持續改善。

實施流程

1. 事前訪談

請在事前訪談中，向受訪者詢問你想要事先掌握的資訊，例如受訪者對於該領域有多瞭解，具備多少知識和經驗等，這一點將對測試結果產生影響，因此請先好好確認一下。

2. 展示概念

向受訪者展示概念或構想，請他們自由地說出對於概念的印象和疑問。

3. 評價概念

最後，向受訪者提供事先準備好的評分表，請他們透過選擇評分表上的 1 到 5 等級，對概念進行評價。以上一個例子來說，如果我們想知道透過概念板展示的內容，受訪者是否充分理解本書創作概念、是否願意購買閱讀，那麼可以向他們提供如下內容的評分表。在受訪者完成評價後，可以詢問選擇該評價的理由。

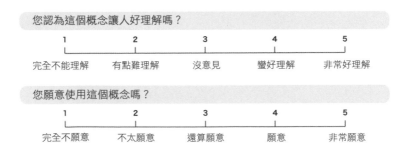

如果有多個概念，也可以請受訪者對這些概念進行相對評價，從中獲得有價值的學習洞察。

注意事項

不要被人們對概念的反應好壞以及評分結果的數字困住了。與其如此，不如向受訪者提出更細緻而具體的問題，請他們分享個人經驗，例如（服務）使用時機、使用頻率、是否還有其他替代方法等問題，更加瞭解受訪者的哪些經驗或生活方式，使他們出現這樣想法的契機，進而更深入探索使用者的需求。

此外，使用者是否有所需求，對於概念或點子的反應截然不同。例如，如果向剛要開始 UX 研究的人，和實踐 UX 研究 10 多年的人出示關於本書構想的概念板，這兩群人的反應想必迥然不同。因此，在設計概念測試的階段，請確認概念構想與目標客群，仔細思考與選擇研究對象。

✚ 參考書籍

- 安藤昌也的《UX デザインの教科書（暫譯:UX 設計的參考書）》

  這本書的內容不僅限於概念測試，而是全面涵蓋 UX 設計所需的一切。這是一本讓人想時常放在手邊的參考指南，可以在索引頁尋找想知道的主題或不認識的單字，再翻到相應頁數閱讀。

- 「Concept Tailor：ストーリーボードを用いた反復型サービスコンセプト具體化ツール（暫譯：Concept Tailor：基於分鏡腳本的迭代式概念測試工具）」（https://ci.nii.ac.jp/naid/170000130905/）

  此論文為初學者整理了容易快速上手的方法，例如如何設計分鏡腳本、如何進行研究等內容。

- 「概念測試」（https://zh.surveymonkey.com/mp/concept-testing/）

  SurveyMonkey 網站整理了關於概念測試的介紹與範本。

問卷調查

問卷調查是以書面形式進行調查，請受訪者針對事先擬定好的問題填寫回答。早期做法是向受訪者發送紙本問卷，近年來越來越多的人採用線上問卷的形式。問卷調查是一門相當深奧，而且應用廣泛的學問，市面上也出版了好幾本專題著作，本書列出了幾本參考書籍，在設計調查問卷前請務必參考閱讀。接下來，我將從大方向介紹問卷調查的工作流程。

使用時機

問卷調查可以從量化角度驗證價值主張或假說構想、掌握目標群體的實際情形，以及進行群體之間的比較。除了以上幾種使用情境之外，有時也會用來招募使用者訪談的受訪者。但是，雖說問卷調查是一種量化資料，但同時也是回答者以主觀角度所做的回答，其性質仍然不同於使用者日誌資料等更為客觀的資料。因此，在分析及詮釋這些資料時，要注意受訪者是否確實理解問題的意圖，進而做出了適當的回答。

設計方法

以下介紹筆者進行問卷調查工作的實務方法。

確定計畫

在實施問卷調查時，確實理解情況是一大要事。先和相關人員進行討論，根據研究目的、假設、調查結果，確認後續想採取什麼樣的行動，並且取得共識，採用問卷調查的研究方式。

此外，寄送問卷調查後，實際上需要一段時間才能收到受訪者的回應。請讓相關人員都意識到這一點，制定更加從容的研究計劃。例如，當筆者準備進行問卷調查工作時，從一開始的計劃，到最後與相關人士傳達調查結果，如果想順暢推進這個流程，預計需要 10 個工作日左右。如果是與第三方調查公司合作的情況，在預估研究流程時，請將時間拉長到 1 個月左右。

定義問卷對象

「篩選（screening）」是選擇適合的對象填寫問卷的過程。如果有一份問卷調查想要瞭解人們使用文具的實際情形，卻讓完全不使用文具的人來回答問卷，也無法得到我們想要瞭解的資訊。因此，明確定義調查的對象，並進行適當的篩選是很重要的步驟。

具體而言，可以向人們發送前導問卷，篩選出符合條件的受訪者後，再向這些人發送正式的調查問卷。另一種篩選方法是，打從一開始就根據服務的使用者日誌等資料，選擇合適的對象，向這群人發送調查問卷。

其次，我們也必須考慮需要多少人填寫問卷，決定問卷的必要分發數量。如果是直接將問卷傳送給現有使用者的情況，則需要事先預測回答率，估算必要的發送數量。例如，假設我們想要根據各年齡層（如 10～19 歲、50～59 歲）收集問卷回答。從使用者數量來說，10 幾歲的使用者數較少，而 50 多歲的使用者群體較多，而問卷調查的回答率則相反，10 幾歲的使用者的回答率較高，50 多歲的使用者回答率較低。假如不考慮到各年齡層的人口數量及回答率，隨機選定受訪者，則調查結果很可能與實際的使用者分佈情形有所出入。此外，說不定 50～59 歲使用者的回答量過少而難以分析。因此，為了使回答數量符合實際分布，並能回收足夠的問卷量，需要向年齡介於 50～59 歲的使用者多多發送問卷。因此，為了確定問卷調查究竟需要多少人受訪者參與，才能收集到足以分析的資料量，可以學習關於「統計顯著性」與「樣本大小」等知識。

設計問題

整理好研究計劃後，下一步是設計問卷調查中的問題。例如詢問受訪者的個人資訊、服務使用情況，以及用於驗證假設與構想的問題等，請一面思考最初的研究目的及預期結果，精心設計能夠反映研究主題的問題。

在設計問題時，一定有很多想從受訪者身上得知的事情，然而，問卷調查的問題數量越多，回答率就越低。從受訪者的立場來看，沒完沒了的問題會讓人感到厭煩，很有可能做到一半就關掉整個問卷頁面，導致完成率下降。另外，當問題越多，受訪者不見得會深思熟慮後再進行回覆，而且前面的問題會影響後面的問題，回答內容的品質也可能下降，在設計問題時要好好注意這幾個重點。另外，也要確認問題是否語意清晰，答案選項是否平衡無偏頗，有沒有讓人誤解的表達方式等。

實施流程

發送問卷

決定好問卷調查的對象，也設計好問題內容後，終於可以發送問卷了。近年來普遍會利用線上工具回收調查問卷，筆者使用的是Google 表單和 SurveyMonkey（https://zh.surveymonkey.com）等服務。不過，如果調查對象不習慣使用線上工具，請考慮用紙本形式進行調查。

關於問卷的發送方式，可以透過電子郵件或 APP 訊息通知服務使用者。此外，還有委託市調公司的方法，這個方法的好處是，在獲得預期數量的問卷回答之前，可以持續向大眾發送問卷。

分析結果

收集好問卷調查的回覆後，最後一步就是對資料進行分析。首先，要檢查受訪者回答的分布是否出現偏差，辨識資料中的異常之處等。接著，在分析與呈現結果時，也要一面思考一開始的研究目的，以及預計採取的行動或決策，一面分析受訪者的回答，好比我們想透過這次問卷調查，更加瞭解目標群體的特徵和行為傾向，或是分析各問題之間的關聯性等等。在進行比較時，也要記得驗證比較對象之間的差異是否具有統計顯著性等。此外，不妨善用圖表或簡報，以視覺化的方式清楚呈現分析結果。

注意事項

在設計調查問卷時，不要讓問題淪為滿足預期行動或目標的工具，務必要注意問題在語意表達上是否客觀無偏頗，是否排除了誘導性問題，答案選項是否平衡等。光是自己確實檢查還不夠，最好還能讓與專案無關的人們幫忙看看，畢竟當局者迷，旁觀者往往能看出盲點，給出更客觀的評價。

其次，在發送問卷時，還要注意受訪者的人口分布情形及問卷回覆是否出現偏差。假設我們想瞭解服務使用者的整體分布，因此選擇以隨機方式抽取受訪者，向這群人發送調查問卷。除了前文提到的年齡層差異之外，如果對服務感到滿意的使用者積極回答問卷，而對服務強烈不滿的使用者也同樣積極地回答問卷，那麼問卷答案的分布也極有可能出現極端偏差。因此，我們需要確認符合研究目的的目標群體（母體）的特徵，並且確保受訪者具有足夠的代表性。

➕ 參考書籍

我們非常粗略地介紹了問卷調查的大致流程，這是一門非常深奧的主題，請一定要搭配參考書籍閱讀。

- 中野崇的《マーケティングリサーチとデータ分析の基本（暫譯：行銷研究與資料分析的基本知識）》

  這本書以簡單易懂的方式說明如何進行線上問卷調查，如果想快速上手的話值得一讀。

- 菅民郎的《すべてがわかるアンケートデータの分析（暫譯：問卷資料分析詳解）》

  這本書的主題是問卷調查的結果分析，你可以學習如何辨識研究群體的特徵和傾向，分析問題之間的關聯性。

- 盛山和夫的《社會調查法入門》

  這是一本關於社會調查的入門書。如果想以量化分式對研究群體進行分析與推測，可以參考社會調查這一領域的方法及應用。

田野調查

田野調查是前往調查對象的生活場域、工作現場，以及實際使用服務的地方等場所進行調查的方法，有時也會收集在該場所人們所用的工具和資料。以下簡單說明 3 種田野調查的方法。

參與觀察

這是進入調查對象的生活場域和工作現場，一邊參加活動，一邊進行觀察的方法。例如，筆者（松薗）在負責兼職招募服務的企劃工作時，為了進行參與觀察，曾經在咖啡店打工過一年。透過這個經驗，我深刻瞭解了錄取兼職人員的實際作法與相關煩惱。另外，以參與觀察的形式進行田野調查，可以廣泛且深入地瞭解調查對象的方方面面，例如在這家咖啡店裡，店長平時從事什麼樣的業務，其中招募兼職人員這個業務佔了多少時間比例，由此掌握了調查對象

的整體情況和經驗脈絡。但是，需要注意的是，這種調查需要花費大量時間，而且當調查者過多地與調查現場產生關聯，在分析資料時容易引入個人的主觀想法。

訪問調查

這是訪問調查對象的生活場域和工作現場的調查方法。例如，在第7章介紹的「maruhadaka PJ」案例中，我們拜訪了受訪者的住處，請受訪者展示了平時如何進行財務管理。一方面可以瞭解調查對象的生活形式或工作的實際情形，另一方面，相較於參與觀察，需要的調查時間很短，因此更容易作為實務應用。不過，也有可能遇到調查對象的行為變得拘束而不自然，或者能夠觀察的場景有所侷限的情況。

行為觀察

這是前往各種現場，觀察人們在該場域的行為的方法。例如，我們會前往顧客經常以行動支付服務付款的商家，仔細觀察人們的消費行為。由此，可以瞭解服務的使用實際情形以及周圍環境，進而獲得改善服務的靈感或啟發。另一方面，由於僅靠被動觀察，有時無法完全瞭解人們行為的動機，因此也可以在行動觀察後搭配使用者訪談，向調查對象進行深入提問。

使用時機

主要適合探索式研究，從更貼近真實的生活情境和人們下意識的行為中得到啟發，進而設計新的服務。上文提到的使用者訪談，只能瞭解受訪者在有意識的情況下，將想法化為語言的冰山一角。然而，在平常時候，人們在生活和工作中所做出的行為，經常是不自覺的、下意識的。善加利用田野調查，可以加深對這種下意識行為和周圍環境的理解，從而收集更豐富而有價值的資料。不僅可以瞭解服務的使用狀況，還可以深入瞭解人們生活和工作的整體樣貌與

環境，從更多元的角度去瞭解調查對象與服務的價值定位。有時候，邁開步伐，離開辦公室或家裡，前往現場實地考察是很重要的。

➕ **參考書籍**

- 佐藤郁哉的《フィールドワークの技法 問いを育てる、仮をきたえる（暫譯：田野調查的要訣：培養問題與確立假設）》

  這是一本能夠回答「究竟該如何實際進行田野調查」這一大哉問的著作，書中還記載了作者進行田野調查的實務經驗分享。

- 松波晴人的《「行動觀察」の基本（暫譯：「行動觀察」的基本知識）》

  這本書的看點是，在觀察與分析之後，如何應用從中得到的洞察，打造適當的解決方案，此外，也介紹了實際的商業案例，對實務工作很有參考價值。

日誌研究

日誌研究是一種讓研究者長時間觀察受訪者的生活日常或服務實際使用情形，由受訪者主動紀錄的調查方法，可以瞭解受訪者做出與研究主題或服務相關的行為時，當下的情境狀況及所思所想。另一個特色是能夠按時間的先後順序觀察到受訪者的心情或態度變化。除了文字記錄之外，也有讓受訪者拍攝照片的方式。

主要適用於探索式研究，可幫助我們更加了解服務的整體使用時間。在「maruhadaka PJ」案例中，我們結合了為期一個月的日誌研究和訪問調查，進一步加深了對服務實際使用情況的認識與理解（請參考第 7 章）。不過，由於請受訪者將自己的行為或碰到的問題記錄下來需要一定的時間，因此在選擇這個調查方法時要事先進行周全規劃。

➕ **參考書籍**

● 布魯斯・漢寧頓與貝拉・馬汀的《設計的方法：100 個分析難題，
  跟成功商品取經，讓設計更棒、更好的有效方法》
  本書以實例和圖示詳細地介紹了日誌研究，同時記載了 100 種
  設計法則，是同步增加 UX 研究的廣度與深度的實用工具書。

質性資料的分析方法

在 UX 研究中，認真對待質性資料是很重要的課題。「在分析結果中加入分析者的主觀詮釋」是質性資料分析的特徵之一。即使是相同的資料和相同的分析方法，由不同的分析者對資料進行分析，也會產生不同的結果。正因為如此，從一開始就按部就班，嚴格依循分析步驟與順序是很關鍵的工作原則。將分析過程以視覺化的方式呈現，在被問及「為什麼會做出這樣的解讀？」的問題時，就能從容地回答：「這是按照這樣的分析步驟而得出的結果」，進而更能細細品味對資料的洞察與見解，而不是連分析者本身也一頭霧水，對自己的分析方法沒有概念。在理解了質性資料這一特色的基礎上，現在，我們來看看幾個質性資料分析方法的摘要介紹。

KA 法

KA 法是分析質性資料並為其建立模型的一種分析方法。最初這是淺田和實提出的分析方法，在安藤昌也教授的改良之下，被廣泛應用於 UX 研究的實務領域。KA 法也被稱為「KA 卡」，其分析步驟如下：

1. 提取事件

從調查得到的質性資料中，提取使用者的行為與發言等紀錄，將這些內容記入事件欄。

2. 想像內心的聲音

針對該事件，推測使用者內心的聲音。

3. 推導價值

根據使用者心聲，寫出對使用者來說具有價值的假設構想。這樣，就做好了一張 KA 卡。

4. 建立模型

對 KA 卡進行分組、描述各組與各卡片之間的關聯性，以此建立價值模型。

此方法的優點是可以追溯分析的過程。因為可以查明某個價值源自哪一個具體事件，在多人進行分析的時候，可以一面獲得回饋，一面進行分析與討論。另外，使用 KA 卡的另一個特色是，在建立價值模型時能夠一邊動手一邊進行試錯。

可回溯至原始資料的參考編號

以 KA 法製作 KA 卡的實際例子

參考來源：安藤昌也「ヒューマンインタフェース学会 SIG-DE UX デザインセミナー @ IMJ」https://www.slideshare.net/masaya0730/ss-37855016

使用時機

KA 法是初學者也容易上手的分析方法，適合以工作坊的小組形式，刺激多元討論。過去的作法是使用印刷好的 KA 卡，現在也可以運用 Miro 和 Figma 等線上設計工具。

➕ 參考書籍

- 「KA 法を初心者が理解與實踐するための研究（中譯：幫助初學者理解與實踐 KA 法的研究）」（https://www.jstage.jst.go.jp/article/jssd/63/0/63_229/_pdf/-char/ja）

  這篇文章主題為幫助初學者快速理解與實踐 KA 法。

- 「安藤研究室ノート（中譯：安藤研究室筆記）」（http://andoken.blogspot.com/2011/11/ka.html）

  瀏覽安藤昌也教授的研究部落格，快速理解如何取得資料、利用 KA 法進行分析，再到製作價值圖等整體流程。

SCAT

SCAT（Steps for Coding and Theorization）是大谷尚教授所開發的質性資料分析方法。在文本欄中記載文字段落（如：使用者訪談的發言），然後按照以下4個步驟為文本內容進行「編碼（coding）」。

1. 資料中值得注意的語句
閱讀文本欄的內容，提取值得注意的語句或是令人感到好奇的內容。

2. 將步驟 1 提取的內容「換句話說」
將步驟 1 的內容轉換為更具概括性的語句。

3. 為步驟 2 的語句「進行說明」
寫下可以說明步驟 2 的概念、語句與字串。

4. 紀錄腦中浮現的主題與概念
瀏覽步驟 1 ～步驟 3 的內容，寫下腦中浮現的主題和概念。

■■■■■年■■月
インタビューアー:■■■■ インタビュイー:■■■■

番号	発話者	テクスト	(1)テクスト中の注目すべき語句	(2)テクスト中の語句の言いかえ	(3)左を説明するようなテクスト外の概念	(4)テーマ・構成概念(前後や全体の文脈を考慮して)	(5)疑問・課題
1							
2							
3							
4							
5							
6							
7							
番号	発話者	テクスト	(1)テクスト中の注目すべき語句	(2)テクスト中の語句の言いかえ	(3)左を説明するようなテクスト外の概念	(4)テーマ・構成概念(前後や全体の文脈を考慮して)	(5)疑問・課題

ストーリーライン(現時点で言えること)	
理論記述	
さらに追求すべき点・課題	

出處：大谷尚《4 ステップコーディングによる質的データ分析手法 SCAT の提案－着手しやすく小規模データにも適用可能な理論化の手続き－》

下一步是將主題與概念化為故事線，梳理情節與邏輯，並將理論記述下來。所謂的「故事線」，是將我們從資料中發現的意義和啟示，轉化為故事的思考方式。而「理論」指的是這個故事的命題和意涵。在分析時，我們會一邊仔細斟酌資料中包含的語句，一邊按照時間軸的先後順序進行分析，因此這是一種容易意識到資料前後脈絡的分析方法。

使用時機

SCAT 適合分析規模較小的質性資料，比方說，我們可以用來深入瞭解極端使用案例。此外，由於 SCAT 分析法具備清楚明確的執行步驟，而且不涉及專業分析工具，因此是初學者也容易快速掌握的分析方法。網路上也可以找到 SCAT 分析法的矩陣表格與分析格式，很適合作為質性資料分析的入門選項。

✚ 參考書籍

● 「SCAT Steps for Coding and Theorization 質的データの分析手法（中譯：SCAT Steps for Coding and Theorization 質性資料的分析方法）」（http://www.educa.nagoya-u.ac.jp/~otani/scat/）

此網頁整理了大谷尚教授所提倡得 SCAT 之分析方法與格式，不妨先從這個網頁開始認識 SCAT。

● 大谷尚的《質的研究の考え方　研究方法論から SCAT による分析まで（中譯：質性研究的研究思維：從研究方法論到 SCAT 分析）》

想更詳細學習 SCAT 的人，也可以參考整理成冊的內容。

mGTA（modified Grounded Theory Approach），是木下康仁以「紮根理論（Grounded Theory Approach，GTA）」為基礎提出的分析方法。與 GTA 相比，mGTA 分析法的特色是分析過程簡單易懂，且重視質性資料的脈絡性。

代表性的大致步驟如下所示：

1. 概念化
從質性資料中找出關鍵詞，以抽象的「概念」為某段重點文字命名。進行概念化的前提是將分析對象的質性資料全部寫成文字（如訪談謄錄稿）。

2. 範疇化
將「概念」分門別類，並以抽象程度更高的名詞為某一群概念命名，即所謂「範疇」。

3. 理論化
捕捉「概念」和「範疇」之間的邏輯結構，進而製作出能夠展現研究結果的整體樣貌或價值模型。

使用時機

mGTA 分析法適合在時間充分的情況下細緻而深入理解人們的行為和想法，但因為這種方式相當耗費時間，所以難以頻繁運用於 UX 研究的實際工作。但是，mGTA 這類質性分析方法的思考模式非常值得學習並加以練習，不但能夠學習分析質性資料的研究倫理，也可以切實地體會到為了在有限時間內進行分析應該做出哪些取捨。

➕ 參考書籍

● 木下康仁的《ライブ講義 M-GTA 實踐的質的研究法 修正版 グラウンデッド セオリー アプローチのすべて（暫譯：M-GTA 質性分析法）》

這本書是認識 mGTA 理論的入門書，以課程講義的形式介紹分析步驟和思考方法。

KJ 法

KJ 法是由文化人類學者川喜田二郎提出的一套創新思維的設計方法。不只對透過田野調查而取得的龐大質性資料進行分類，而是更進一步，<u>透過這些資料發展出具有創意的點子構想</u>。KJ 法大致分為以下四個步驟。

1. 在紙卡或便條紙寫下事件

在紙卡上寫下一個事件，描述要盡量完整。請先對質性資料進行「切片化」[*3] 作業，原則上，同一張紙卡只能紀錄一個句子。

> [*3]：為了讓資料更容易閱讀，將文本內容分割為單個句子或詞語的作業。

2. 進行分組

紙卡寫好後，隨意地排列在桌面或白板上，然後將內容相關的紙卡分到同一個小組，並且新增「標籤」寫上小組名稱。再將這個標籤與其他的紙卡隨機排列在一起，重複 2 ～ 3 次這個分組動作。完成分組後，為每一個組別新增識別用的符號標記，或是加上簡單的標語或插圖。

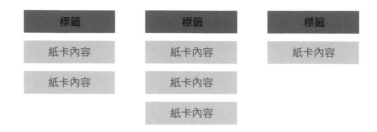

3. 圖解化（KJ 法 A 型）

將分完組的卡片再次攤開，討論組別之間的問題與關聯性，並用箭頭表示。

4. 敘述化（KJ 法 B 型）

最後，將圖表中所看到的關聯性和故事，以口語陳述的方式表達出來。

使用時機

KJ 法經常被誤認為「也就是將相似的便條紙分到同一組對吧？」不過，在一開始，最正確的分析流程是對每個紙卡上的內容進行一對一比較，然後仔細斟酌。此外，有時還會重複好幾次重新分配小組的動作。透過這些步驟，可以大方向去檢視、整理這些碎片化的資料，從中產生新的想法。但是，如果想將 KJ 法正式納為工作的一環，意外地相當耗費心力與時間，因此在 UX 研究實務的應用場景也有所侷限。在以深入理解使用者為主題而舉辦的訓練工作坊中，設計一個運用 KJ 法的討論環節，應該能夠收穫不錯的效果。

➕ 參考書籍

● 玉樹真一郎的《コンセプトのつくりかた「つくる」を考える方法（暫譯：概念的誕生：設計思維）》

本書詳細介紹了任天堂公司在 Wii 的產品概念誕生之前所經歷過的企劃流程。雖然書中沒有出現「KJ 法」一詞，但該團隊所進行的思維討論活動，正是 KJ 法的展現。推薦給想透過業界實務案例更加了解此概念的讀者。

● 川喜田二郎的《發想法　創造性開發のために（暫譯：創意開發的發想方法）》

與其說這本書在介紹 KJ 法的實施方式與具體步驟，不如說是將 KJ 法作為一種創新思維的設計方式。讀者可以透過此書一窺川喜田二郎的學術研究背景及其思想。

人物誌

人物誌代表的是某類型顧客或使用者的虛擬樣貌。透過繪製出可能使用服務或產品的不同類型角色就能瞭解使用者的需求、行為和目標。在繪製人物誌時，對於角色特徵與元素並沒有硬性規定，根據服務領域的不同，應該納入的特徵元素及其詳細程度也有所不同。

就以本書的目標讀者來說，我們想像了以下人物誌。

「雖然對 UX 研究很有興趣，卻不知道該從何處開始瞭解」的 A 某

雖然蠻想瞭解 UX 研究在做些什麼，對我的工作需求會有效果嗎？具體來說應該從何處著手才好？真的不知道該怎麼開始……

● 產品經理
● 負責開發 B2C 手機 APP
● 經常參加免費網路研討會
● 經常購買推薦的參考書籍

在本職工作的產品管理領域累積了充實經驗，最近被指派的專案規模越來越大。

目前的煩惱是在打造服務的過程中，看不到自己的想法能否順利進行，特別是在產品或服務發布之前，這種不確定性與不安感更加強烈。

願望是想在打造服務的時候變得更有自信。特別是，如果能更明確地想像出使用者的反應，會讓我更有信心。

最近一直聽到「UX 研究」這個關鍵字，讓我感到很好奇。

但是，我不知道該從哪裡開始，也不知道這對我有沒有用。這是業餘時間就能開始的事情嗎？感覺 UX 研究的進入門檻很高，自己一個人可能做不到。

因此，如果這時有人舉辦了能夠瞭解如何在產品管理工作中應用 UX 研究的網絡研討會，我會考慮報名參加。

使用時機

透過 UX 研究獲得的洞察見解和使用者形象，分析這些資訊，然後繪製成具體的人物誌，在與未參與 UX 研究的其他相關人員進行溝通時很有幫助。例如，在設計「定額付款」（請見第 7 章）服務時，我們根據調查結果，定義出簡單的人物誌，並利用這些角色來設計服務。另外，因為人物誌總結了我們需要瞭解的關於各類使用者的必要情報，能使決策過程更加順利。

以筆者參與的智慧型手機支付服務為例，深入理解平時人們如何使用金錢是很重要的前提。因此，在製作人物誌時，我們會特別詳細地記錄金錢消費的資訊。「製作人物誌」這件事本身並不是目的，而是為了打造服務的一種手段，因此關於使用者的資訊不是越詳盡越好，請在意識到這一點後，好好釐清我們究竟需要哪些必要訊息。

此外，人物誌的資料可以同時包含質性資料和量化資料。例如，加入量化資料後，可以看出這一個人物誌在所有使用者中佔多少比例。儘管整合兩類資料需要花費不少時間心力，在更加強調精準度的決策中能夠發揮很大價值。

另一方面，人物誌也有需要謹慎注意的地方。如果只圖方便，按照自己的想像任意繪製人物誌，或者對實際資料斷章取義，則會產生相反的效果。另外，如果過於詳細著墨與服務無關的部分，很容易模糊焦點，難以看清預定捕捉的使用者特徵。例如，明明某個服務強調滿足某個特定需求，而此需求本身與使用者的家族構成無關，但如果在繪製人物誌時過度詳細定義使用者的家庭結構，很可能會在非本意的情況下醞釀出「這個服務是為了有家庭的人而開發」的意識。

最後，人物誌並沒有大功告成的那一天。我們之所以需要定期修正，是因為使用者本身與外部環境都可能隨著時間而經歷顯著的變化。在發展日新月異的軟體服務行業中，更需要對變化保持敏銳。在這種時候，就需要定期檢視，重新設定或增加一個新的人物誌。

➕ 參考書籍

● 棚橋弘季的《ペルソナ作って、それからどうするの？ユーザー中心デザインで作る Web サイト（暫譯：製作人物誌之後呢？以使用者為中心的網站設計）》

　深入淺出地介紹了關於人物誌的知識與繪製方法，雖然本書主題為網站設計，但也可以從中瞭解人物誌的應用實例。

● Alan Cooper 的《About Face 3 インタラクションデザインの極意（暫譯：About Face 4：互動式設計精髓）》

　雖然這本書不是人物誌的專題著作，但記載了如何在軟體開發工作中應用人物誌，內容相當易讀，值得參考。

● Ziv Yaar 和 Steve Mulder 的《The User Is Always Right: A Practical Guide to Creating and Using Personas for the Web（暫譯：使用者至上：為網頁打造與應用人物誌的實用指南）》

此書詳細解說了如何結合質性與量化資料打造人物誌的方法。

顧客旅程地圖

「顧客旅程地圖（customer journey map）」是一種結合時間與空間的視覺化圖表，描述使用者在使用產品或服務時所經歷的過程，紀錄在過程中產生什麼經驗、情緒，以及服務需要解決的課題等。<u>特色是不僅僅是將使用者體驗以視覺化呈現整體流程，還能以故事形式來呈現</u>。顧客旅程地圖沒有固定的繪製格式，可以根據情況決定應該加入哪些項目、詳細或抽象程度以及時間範圍等元素。另外，雖然顧客旅程地圖一般根據時間軸先後來表現，但有時也可能設計成環狀地圖的樣子。在繪製顧客旅程地圖的過程中，可以一邊討論，一邊意識到我們想要確實掌握哪些資訊，希望做出什麼樣的決策等。

下面介紹顧客旅程地圖的兩種視角和兩種時態。視角分別為顧客與服務提供者的視角，而時態分別是「As-Is（現狀）」和「To-Be（預期）」。

首先是關於視角的注意事項，從顧客的角度繪製顧客旅程地圖時，不只要描繪自己公司所提供的服務，還要著重呈現顧客的體驗，確認公司服務在這個體驗過程中處於什麼定位。以服務提供者的角度進行描繪時，則要聚焦於自家服務的體驗，這與後文的「服務藍圖」概念相近。

其次是時態，如果想以「As-Is」方式呈現，是以視覺化的方式原原本本地將「現狀」呈現眼前，以此確認服務有待解決的問題，如果想描繪「To-Be」的預期樣貌，則是將討論重點聚焦在「如果能這樣……」的服務願景和規劃上。此外，如果同時運用這兩種時態，則能夠釐清「現狀」與「預期」之間的差距，瞭解目前顧客體驗的不足之處，應當針對哪個環節研擬對策。

使用時機

以宏觀的視角層次檢視顧客體驗，不但能夠發現新的課題，還可以透過更全面的視野重新掌握服務的潛在課題，決定處理的優先順序。例如，在「定額支付」（請參考第 7 章）中，我們結合了「As-Is」和「To-Be」的顧客旅程地圖來討論服務體驗。首先，我們以現有服務的調查結果為基礎，從顧客的視角描繪「As-Is」版的顧客旅程地圖，將潛在課題梳理出來。然後，我們一邊討論新的想法如何為顧客帶來更好的體驗，一邊繪製了「To-Be」版的顧客旅程地圖，再根據這個版本，討論哪個點子構想擁有最高的優先順序。

再舉一個例子，顧客旅程地圖還能看出顧客與行銷部、產品部、客服部門等組織的連結。我們可以在同一份旅程地圖中，以顧客的角度來看整體服務與各組織的接觸點，觀察各組織提供給顧客的體驗是否一致而流暢。這樣的洞察與見解，有助於各組織人員討論如何才能讓體驗更加優異。

➕ 參考書籍

- When and How to Create Customer Journey Maps（https://www.nngroup.com/articles/customer-journey-mapping/）

  這是尼爾森媒體研究公司所撰寫的介紹，文中也提供了以時間軸為呈現方式的範本。

- カスタマージャーニーマップのパターン（暫譯：顧客旅程地圖的模式）（https://www.concentinc.jp/design_research/2013/12/customer-journey-map-patterns/）

  在這篇 CONCENT 公司的文章中，以服務提供者視角／顧客視角與 As-Is ／ To-Be 時態，將顧客旅程地圖分類成四個象限，並分別介紹了個別用法。

- James Kalbach 的《Mapping Experiences: A Complete Guide to Creating Value through Journeys, Blueprints, and Diagrams（暫譯：使用者體驗的視覺化指南）》

  本書大量介紹了關於使用者體驗的分析技法與視覺化呈現方法。除了顧客旅程地圖以外，還整理了其他視覺化圖表的應用價值與繪製方法，值得細讀。

服務藍圖

「服務藍圖（service blueprint）」是一種描述服務本身與和互動元素的方法，以便驗證、實現和應用服務。每一個接觸點，都代表著使用者和服務產生互動的地方。從宏觀的視角觀察服務流程時，可以確認服務的整體架構以及使用者的體驗。服務藍圖是從服務提供者的角度出發，檢視服務提供者為顧客設計好的旅程，而不同於以使用者為主體的顧客旅程地圖。

使用時機

適合用於以順利推動服務開發工作為目標的時候，服務藍圖有助於客觀掌握服務的整體情況，進而針對服務營運流程進行合理設計與管理配置。例如，我們可以運用服務藍圖來確認服務是否帶給使用者一致的體驗，包含使用者看不見的部分（如後端服務）。

➕ 參考書籍

● 「Designing Services That Deliver（暫譯：設計打動人心的服務）」（https://hbr.org/1984/01/designing-services-that-deliver）

  如果想知道「服務藍圖」概念的起源，推薦閱讀這篇論文。

● 「Service Design Tools」（https://servicedesigntools.org/tools/service-blueprint）

  可以在此下載服務藍圖的範本。前文提到的《Mapping Experiences: A Complete Guide to Creating Value through Journeys, Blueprints, and Diagrams（暫譯：使用者體驗的視覺化指南）》也有關於服務藍圖的介紹。

分析方法的實戰

目前為止介紹了幾種質性資料的分析方法。雖然每一種都是好方法，但也有難以應用到實務工作的情況。因此，在檢視可用資源之後，有時也會出現只使用某個方法其中一部分的狀況。例如，照理說應該對使用者訪談的所有文本資料進行分析，但為了總結訪談結果的關鍵要點，決定事先提取與分析主題密切相關的發言內容，只針對這一部分進行分析等等。在服務開發的實際工作現場，有時更加重視效率與工作進度，為了配合較為緊湊的決策時機，因此只能進行粗略的分析。儘管如此，學習各種各樣的分析方法並加以實踐依舊很重要，將正確的實施步驟吸收、內化成自己的一部分，以真摯而踏實的態度致力於 UX 研究。

本章回顧

☐ 不要忘記 UX 研究的初衷與目的，在選擇研究方法時要合乎目的與限制。

☐ 關於各種研究方法的知識都足以單獨成冊，所以請務必搭配參考書籍閱讀。

不只有質性資料的 UX 研究

本書主要介紹關於質性資料的 UX 研究。你的腦海中也許會出現「UX 研究員就是專門處理質性資料」的印象。但是，最近業界也出現了專門處理量化資料的「Quantitative UX Researcher（量化 UX 研究員）」職位。這個職位不僅要分析問卷資料，還要分析使用者日誌等量化資料，藉此獲得對使用者體驗的洞察與見解。

當服務能夠取得的量化資料規模日益龐大，一定也需要能對這些資料進行進階分析的人才。就工作內容而言，這個職位的任務包括但不限於：設計使用者體驗的量化指標、對取得的資料進行統計分析、根據分析結果擬定改進服務的優先順序等等。此外，還有被稱為「UX Research Data Manager」的職位。處於該職位角色的人，需要考慮如何管理資料，使得量化 UX 研究更易於實施，並針對專案設計適當的工具、評估指標和研究方法論。如此一來，組織就能夠解放量化 UX 研究的無限可能。在人才招募方面，有些公司會直接徵求兼備質性與量化 UX 研究能力的人才。

由此可見，業界趨之若鶩的理想人選，除了需要不斷提升 UX 技能，深耕其專業領域，還需要兼備質性與量化研究能力。為了拉近與使用者的距離，獲得更深刻的洞察，根據不同的研究目的，靈活搭配質性研究與量化研究的重要性與日俱增。話雖如此，即便想要提升質性研究或量化研究的個人造詣，想在其中一個領域累積功力與經驗，都不是一蹴可幾的易事。因此，致力打造一個讓擅長各研究方法的人都能愉快協作的組織也很重要。

第 5 章

為 UX 研究增加同伴的方法

如何吸引人們加入？

一個人也可以開始進行 UX 研究，即便如此，一個人能做到的事仍有極限。在某種程度上一個人實踐並應用 UX 研究後，先讓人們試著參加一次，接著鼓勵他們持續參與，分成階段性目標，一步一步地增加同伴。

目標階段	1	2	3	4	5
本章可幫助讀者	增加 UX 研究的同伴 讓 UX 研究文化在組織內扎根萌芽				

根據階段增加同伴的方法

一口氣把許多人吸引到 UX 研究的圈子並不容易，即使將人們拉了進來，無形中也會增加負擔。請根據自身所處的情況與步調，在 UX 研究的路上尋找志趣相近的同伴。

本章將增加同伴的方法分成以下幾個階段：「總之先吸引人們參與」、「打造持續參與的關係」、「讓更多人認識 UX 研究」以及「培養 UX 研究的文化」。當然，未必要將打造 UX 文化視為最終目標，思考哪個階段適合你所在的組織，努力呼朋引伴。

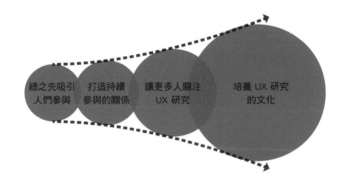

總之先吸引人們參與

無論你將哪個階段視為目標，第一步都是先吸引人們參與 UX 研究的活動開始。以下介紹創造「值得紀念的初體驗」的 3 種方法。

避免「UX研究」
一詞，從對方的
視角進行說明

做出小的成果，
然後共享、
推薦

為啟動會議和
總結會議
營造良好氣氛

努力讓人們興起「不如嘗試一次看看吧」的念頭

避免「UX 研究」一詞，從對方的視角進行說明

再強調一次，對於想打造服務的人來說，UX 研究只是其中一種手段。讓我們站在對方的視角，來談談為什麼使用 UX 研究這一手段比較好。假如此時出現了「在業務上遇到了〇〇問題，（因此需要利用 UX 研究）釐清問題之後才能想出對策」的情況，那麼此時的目標是要讓相關人員產生「（UX 研究）似乎是可以達成目的的手段，不如試試看」的念頭。如果「UX 研究」一詞可能妨礙人們對於問題或狀況的理解，那麼不如避免使用「UX 研究」，改用其他方式說明，因為我們的初衷是讓相關人員感受到「為什麼要這麼做」的價值。如果人們感受到這種手段有機會解決自身面臨的課題，就容易產生「不妨試一試」的念頭。

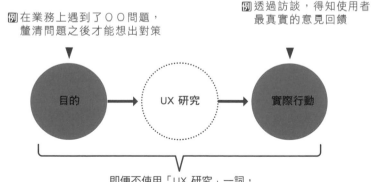

做出小的實際成果然後共享、推薦

即便是一個微小的成果，只要是確實而可見的，也能有效地讓人們感受到 UX 研究的效果。舉例來說，為了達成某個目標數值（如轉換率），某團隊正在規劃一則方案，試圖改善服務品質。這時，可以進行小規模的可用性測試，從測試結果中發現問題後，進而檢討與設計改善方案。另外，如果能利用 A/B 測試 [*1]，以具體的量化數字來證明改善方案的成效，更能讓人感受到可用性測試為團隊分憂解勞的價值。

> [*1]：將欲測試的變因或假說分別做成 A 版與 B 版，利用一些工具進行比較，最後選擇目標達成表現較好的版本。

再舉一個例子，在某個團隊中，各成員對於使用者的想像有所分歧，在討論時很難達成共識。如果向這個團隊共享 UX 研究的結果，使人們對於使用者的形象變得更清晰、更加一致，也能促進更順暢的溝通。即便是對產品或服務沒有直接關聯或影響但同樣存在煩惱的團隊，也能間接感受到 UX 研究的正面效果。當這個團隊將他們所感受到的效果與其他團隊分享時，也同時展示了 UX 研究的實際效果。

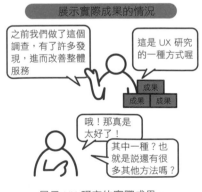

沒有實際成果的情況

UX 研究的效果超顯著！

真的假的？

單單介紹 UX 研究，
沒有辦法完整傳達其魅力

展示實際成果的情況

之前我們做了這個調查，有了許多發現，進而改善整體服務

這是 UX 研究的一種方式喔

成果
成果　成果

哦！那真是太好了！

其中一種？也就是說還有很多其他方法嗎？

展示 UX 研究的實際成果，
讓人們更容易感受其優點及魅力

另一方面，逐一而重複的 UX 研究，未必不能讓人們感受到 UX 研究的價值與成效。因此，不需要想著一次做大規模 UX 研究，試著採用小而迭代的方式。這樣更容易累積 UX 研究的實際成果以及吸引人們參與的知識與經驗。我會建議讀者以這種方式持續實踐 UX 研究，同時以符合你自己取向的方式尋覓有興趣的同伴。

以實際成果吸引人們的真實案例

筆者（草野）在 Merpay 擔任 UX 研究員一職時，主要的工作內容是對準備發行的功能進行可用性測試。一面持續進行可用性測試，一面向團隊傳達實際結果，除了測試結果的好壞以外，還會分享測試中使用者行為的觀察與發現，提供團隊設計服務的靈感。透過這樣的成果分享，讓相關人員體認到，除了閱讀摘要報告之外，即時觀察可用性測試中人們的行為舉動也同樣重要。

除了既定的可用性測試之外，筆者還額外進行自主的 UX 研究。例如，我在尚未決定 UI 之前先進行了概念測試，然後與相關人員分享測試結果，讓他們理解到在設計 UI 之前，同樣可以利用 UX 研究得到各式各樣的洞察。如今，相關人員會主動邀請我們協助進行概念測試。

並且，我們在可用性測試和概念測試之前會安排一段時間，對「客人」[*2] 的形象與特質進行探索式訪談。透過訪談資料，更能夠描繪出顧客的形象，也有助於想出新企劃的點子構想。當我們將這些洞察分享給組織成員，漸漸地，在專案啟動階段就邀請 UX 研究人員參加的情況也變多了。人們也更加意識到，應該更確實地調查顧客究竟是如何使用服務。現在，為了加深對顧客的瞭解，我們持續進行自主調查（請參見第 7 章的〈maruhadaka PJ〉），而越來越多的利益相關者也對此產生興趣，紛紛參與這項調查。

*2：Mercari 和 Merpay 將使用者稱呼為「客人」。

為啟動會議和總結會議營造良好氣氛

打造一個相關人員都能自在進行各式 UX 研究的環境與氛圍，這是吸引人們參與的重要關鍵。不見得要人們一口氣參與全程，即便只參加最開頭的部分也沒關係。我們來看一下如何在啟動會議和總結會議中營造讓人們容易參與的氛圍。

首先，「啟動會議（kick-off meeting）」是準備開始一項 UX 研究專案時舉行的會議。在這個會議中，人們會瞭解為何需要進行 UX 研究，溝通並確認相關人員對於研究的期待，將研究日程具體化，敲定專案的開始日和結束日。此外，還可以藉著這個場合，與人們分享 UX 研究的各種參與方式以及各自的優缺點。這些參與方式包括，直接參與調查、即時觀賞調查情況、參與調查後的討論、閱讀報告等等。人們可以根據自身對 UX 研究的感興趣程度和時間限制，選擇適合自己的參與方式。此外，還可以透過角色與任務分工，讓人們根據自己的情況參與。我們並不是完全不考慮相關人員的情況，硬要強拉人們一下子深度參與。重要的是，要先考慮哪些人以什麼樣的參與方式能夠有效應用 UX 研究，並且適當鼓勵他們參與。

接著，在 UX 研究結束後進行的是「總結會議（wrap-up meeting）」。這時的目的是為了分享調查結果，促進人們去應用調查結果。對於沒能撥出時間參與實際調查過程的人，不妨主動邀請他們：「要不要來聽聽結果分享呢？」請他們參加總結會議，也有助於消彌因參與程度不同而產生的資訊落差。除了口頭分享之外，提供摘要報告與調查影片，能夠更令人們印象深刻。影片不只是一種證據，還能夠傳達出難以用言語表達的氛圍。另外，也可以邀請有參加 UX 研究的相關人員發言，請他們分享感想和洞察體會，有助於與會人們聆聽來自多個視角對於調查結果的詮釋與解讀。雖然準備會議和整理共享資訊會花上一些時間，但這是促進調查結果多元應用的關鍵環節。

啟動會議	● 確認 UX 研究的開始日和結束日、讓人們對研究專案產生一致共識
	● 確認調查工作時程與任務分配
總結會議	● 與相關人員共享調查結果
	● 跟進、追蹤關於調查結果的應用

實際會議流程

在此，我想說明一下筆者在舉辦啟動會議和總結會議的例行流程。

準備舉行**啟動會議**時，我會向相關人員送出會議邀請，而會議時間介於 30 分鐘到 60 分鐘。在會議中，我會分享 UX 研究能為相關人員帶來什麼價值，針對具體目的，應該採取什麼樣的 UX 研究方式。然後，在考慮現有資源和日程的同時，與相關人員協調具體的推進方法及參與程度。我也會利用這個機會製作輪班表，決定訪談和記錄工作的任務分配。

至於**總結會議**，我會分成兩次進行。首先，在進入詳細的資料分析之前，我會安排一個「**速報**」會。在這個簡短的會議中，我會一一介紹每位受訪者的資訊，他們是怎麼樣的人等等，我會邀請相關人員中與專案密切相關的人們參與速報會。此時可以向人們徵求意見，希望在哪些切入點深入挖掘，好奇受訪者的哪些地方等等，作為後續詳細分析的提示。接著再以「**報告會**」的形式，和與會人員分享透過訪談資料或調查結果分析而得的洞察與見解。在此時，我會統整並梳理每位受訪者的資料作為參考資訊，將洞察整理成報告的形式，準確傳達要點。我會邀請與本次 UX 研究相關的所有人員參加報告會，也會同時追蹤各單位對於調查結果的應用，協助他們採取後續行動。為此，有時我們不僅會舉行報告會，還會舉辦為了激發創意構想的工作坊。

階段	1. 速報	2. 報告會
焦點	重視速度	重視內容
參加人員	核心成員	全體相關人員
分享主題	逐一分享各受訪者的相關資訊	分享透過資料分析而得的洞察與見解
時間點	進入詳細分析階段之前	詳細分析之後
後續行動	詳細的分析與考察	產生新的構想或決策
形式	採對話形式	簡報／工作坊形式

打造持續參與的關係

努力吸引人們參與一次 UX 研究後，如果不能讓人們願意持續參與，在進行合作時也會變得越來越難。以下介紹打造持續參與的方法，說明如何察覺狀況與完善資料。

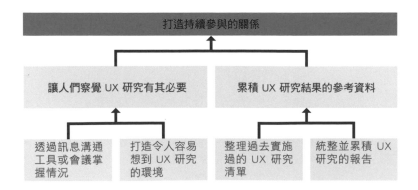

加強「必須應用 UX 研究」的意識

在組織中尋找 UX 研究能夠發揮價值的地方。為此，先花點時間瞭解組織中正在進行的專案狀況。比方說，我們可以查看 Slack 等訊息溝通軟體的各個頻道、參與對瞭解情況有所幫助的會議，或者瀏覽一下會議記錄。有時候，還可以透過午餐聚會或日常閒聊，發掘運用 UX 研究的契機。為了能讓人能夠輕鬆開口，安排一個例行的諮詢時段也是不錯的做法。

另一方面，我們不可能對組織所有工作或專案情況瞭若指掌。不如目標設定成，讓相關人員認為目前情況需要 UX 研究的時候願意主動找你討論諮詢。例如，你可以讓他們知道，UX 研究不僅適用於確認功能成效好壞的可用性測試，還可以為各種煩惱和目的分憂解勞。就從「在我的組織中，在必要時刻會想起、讓人想尋求建議的存在是什麼呢？」這樣的觀點來考慮，試著提升人們對 UX 研究的意識。

累積 UX 研究的參考資訊

整理過去的調查資料或報告，也是讓人持續應用 UX 研究的方法。如果好好統整組織內有關 UX 研究的資料，在被問到「過去有過類似的調查嗎？」這類問題時就能迅速回答。有時候，對 UX 研究感興趣的人也會主動去尋找組織內的參考資料。第 6 章的「知識管理」一節中有詳細解說具體作法，歡迎參考。

另外，透過 UX 研究獲得的知識容易帶有「屬人性」，也就是當擁有該知識的人離職時，整個組織中將會失去關於（某個特定）UX 研究的知識。雖然在短時間內看不出來具體影響，但實際上對組織來說是巨大的損失。為了持續進行 UX 研究，在組織內共享這樣的知識非常重要。將調查結果總結在報告中，或者以便於參考的形式整理，儘管相當花費時間心力，但考慮到日後的溝通成本，以及相關人員因辭職令組織失去知識的風險，這麼做具有充分的成本效

益。另外，每個人能夠記憶的範圍也有限，也容易忘記具體細節，所以為了將來的自己好，確實整理一下關於 UX 研究的資料。

另一方面，在累積和共享調查結果時也有需要注意的地方。例如，資料或數據可能過時已久，不值得參考，因此要定期整理維護。另外，因為任何人都可以查看調查結果，所以也可能出現有資料被斷章取義、隨意使用的風險。關於這一點，可以思考如何提升組織成員的資料素養，幫助人們瞭解如何正確解讀資料，在整個組織中普及研究倫理的相關知識。

讓更多人關注 UX 研究

在小範圍的成員之中建立持續參與的關係後，就會想要吸引更多的人參與。在這個階段，應該能利用目前為止所達成的實際成果，向人們傳達持續進行 UX 研究的價值了。更加自信地與更多的人們分享你的收穫。

在組織內分享

直接將與專案相關人員引入 UX 研究當然很重要，但光是這樣，能夠增加的同伴數量也有所極限。如果和這些人們建立了持續參與的關係，也積累了一定資訊，那麼接下來就在組織裡積極分享，吸引更多的人利用 UX 研究。比方說，你可以在公司全體人員參與的場合中，介紹目前為止所做的努力和實際成果，分享 UX 研究對於工作的種種好處，這麼做能帶來卓然的宣傳效果。從打造服務的角度來說，可以把這個行動想成是需要提升知名度、擴大使用者數量的階段。努力讓人們更加認識這個名為「UX 研究」的服務。

向外界分享，再帶回組織內

除了向組織成員分享，向外部宣傳 UX 研究的好處也能創造不錯成效。比如說，某次我向外界分享的內容成為了熱門話題，當組織內的成員發現了這件事，他們會充滿興趣地請我再次分享。在組織內進行分享卻沒能確實傳達的內容，有時會因為在外界成為話題而重新在組織內擴散開來。雖然向外界分享需要更多心力與勇氣，願意與人們分享新知，向市場和整個產業展示 UX 研究的價值，這樣的積極心態不僅難能可貴，而且非常重要。這樣也能帶動整個業界分享知識與實踐的風氣。從長遠來看也能提升企業形象，在延攬 UX 研究的相關職位時，更能讓人對自家公司產生興趣與良好印象。請鼓起勇氣分享你的所知所學。

增加主動參與 UX 研究的人們

在組織內外分享關於 UX 研究的經驗與所學所知，能夠提升 UX 研究在人們心中的認知度，吸引更多人投入參與。另一方面，如果沒有相應的體制架構來容納這些新加入的同伴，反而可能增加你的負荷。這樣一來，就會與最初「持續推動 UX 研究」的目標背道而馳，本末倒置。在這個階段，請考慮願意主動參與 UX 研究的同伴。

例如，在最一開始，可以從邀請同席的人們協助謄寫訪談紀錄，或是請他們與受訪者協調日程等簡單的任務開始。然後，如果人們希望在持續參與的過程中切實感受到 UX 研究的效果，願意更主動地參與 UX 研究，那麼就擴大任務範圍，將更多任務委託給他們。將工作交辦給別人，可能會令你不禁擔心 UX 研究的品質下降。不過，「授人以魚不如授人以漁」，傳授 UX 研究的訣竅與經驗也需要一些時間。從長遠來看，當主動持續參與的同伴越來越多，也就表示在組織內運用 UX 研究的機會也變多了。另外還有一個好處是，擁有專精技能或知識的人員，可以將心力和時間更集中於困難度更高的調查上。

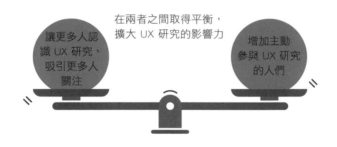

在兩者之間取得平衡，擴大 UX 研究的影響力

讓更多人認識 UX 研究、吸引更多人關注

增加主動參與 UX 研究的人們

培養 UX 研究的文化

分享 UX 研究的價值，吸引越來越多的人關注，也吸引更多的人主動投入之後，接下來就是下一個階段了。讓我們思考如何深植 UX 研究的文化，讓 UX 研究變得像呼吸一樣自然，人人都能加以利用，與使用者一起創造有價值的服務。就算沒有進行 UX 研究，組織也不可能停止服務的開發。如果什麼也不做，同樣會被工作搞得團團轉，慢慢地，應用 UX 研究的機會也會減少。因此，在最一開始，在你持續進行 UX 研究的過程中，積極向人們展示 UX 研究的效果有其必要。然而，也許出於種種原因，你可能力不從心，沒有

辦法持續展示 UX 研究的價值。此外，隨著組織規模愈加擴大，僅靠一個人的聲音與行動，很難遍及整個組織。因此，培養一個致力於 UX 研究的組織文化，讓人們根據工作目標運用 UX 研究，是非常重要的一件事。

致力吸引人們參與，打造持續投入的關係，這當然必不可少的作法，此外，還可以考慮以下措施：

- 完善便於持續投入 UX 研究的架構

- 定期舉辦學習會和座談會

- 定義 UX 研究員的工作描述

- 聘用和培養專職的 UX 研究員

- 將 UX 研究小組組織化

和同伴一起討論想要重視哪些事情

除此之外，也可以和同伴討論組織所看重的內容與價值，如何活用 UX 研究等等進行討論。

儘管如此，這些努力都需要時間才能開花結果。根據組織所處階段的不同，以你的情況來說，也許不見得都要努力到這個程度。另外，培養文化與建立組織架構是密不可分的，需要同時並進。請參考第 6 章內容，學習如何在組織設計中應用 UX 研究的方法。

本章回顧

☐ 為了讓大家感受到 UX 研究的魅力，請從對方的視角進行說明，有時避免使用「UX 研究」一詞是很重要的。

☐ 察覺組織內需要 UX 研究的狀況，在適當時機引入 UX 研究。

☐ 增加主動致力於 UX 研究的人，打造可以持續參與的環境。

設計師眼中的 UX 研究員

我們採訪了一起共事的設計師,請他們分享和 UX 研究員一起工作的感受。

與顧客接觸的機會是改變行為的契機

以前都是照著個人理解去想像顧客的形象,覺得「這個設計一定沒問題!」。結果發現使用者認為這個設計行不通、畫面無法操作,透過親眼所見,發現實際與想像存在巨大的差距,讓我開始自我反省。

第一次參加 UX 研究時,發現原來我的想法和實際顧客的理解方式有這麼大的差異,受到了很大的衝擊。從那之後,我開始努力使 UI 畫面上的文字和圖案細節變得更貼近使用者喜好。

更專注於設計工作

在可用性測試過程中,集中精力觀察客戶操作的情況。如果換成我來主持可用性測試的話,接下來要問什麼呢?我滿腦子都在想這些問題。

同時進行設計和 UX 研究工作時,「這個設計一定行得通!」的念頭變得越來越強烈。但因為知道了測試結果後不得不修改設計的我本人,越發現問題,越會想掐住自己的脖子,對自己喊:「你到底在想些什麼?!」正因為如此,我有時覺得自己心中的 UX 研究可能有所偏頗。

獲得中立客觀的意見

雖然設計師和產品經理有時會提出「想這樣做」、「這麼做才對」的想法,在討論時產生分歧,但是 UX 研究員會退一步從顧客的角度提出意見,在溝通時扮演協調的角色。

和身為設計師的我看待事情的方式不同，UX 研究員在看待問題時，能夠客觀地從業務角度與使用者的角度出發，他們像是我的樹洞一樣，會跟我說：「有這種類型的顧客……」、「在這樣的地方發現了課題」等提示，讓我可能從更多元的角度進行思考。

溝通變得更順暢

透過 UX 研究，我變得能夠將自己的設計與主觀想法分開看待。因為抽離了主觀情緒，能夠看出設計當時沒能發現的優缺點，因此與人們的溝通變得更容易了。

我認為 UX 研究可以聚焦問題，減少無用的討論。在涉及眾多相關人員的專案中，多虧 UX 研究，我個人感覺溝通成本下降了 15% 左右。而且，我個人覺得當論點變得越明確，就越能提升設計精準度。

超越文字的感受

雖然 UX 研究之後都會有文字報告，但說實話我不怎麼讀得進去。基本上，我都是在即時觀察調查情況，訪談或測試結束之後，立刻和 UX 研究員、產品經理、設計師安排討論會議，決定下一步的動作。

在 UX 研究中使用者的視線、以及「咦？」感到不知所措，或是操作停止的時間，這些是難以用文字傳達的行為舉止，閱讀起來也無法感同身受。所以我會即時觀察看 UX 調查的情況。

第 6 章

將 UX 研究應用到組織設計

讓 UX 研究內化為組織的一部分

一步一腳印展開 UX 研究，也吸引了一群志同道合的同伴，接下來的目標是打造讓 UX 研究更能發揮價值的組織架構。當組織內所有人都能自由運用 UX 研究，願意投入參與的人也會進一步增加。因此，本章將介紹最重要的 ResearchOps 精神。

目標階段	1	2	3	4	5
本章可幫助讀者	打造持續投入 UX 研究的組織架構 為人們降低參與 UX 研究的進入門檻				

什麼是 ResearchOps

正如第 3 章所述，UX 研究的 7 個階段都與「運用 UX 研究」密不可分。因此，為了持續投入 UX 研究，並且最大化 UX 研究的價值，好好經營 UX 研究是重中之重。用「運用」或「經營」來形容的話，可能讓人聽起來像是無聊的業務，但是，這裡的「運用」不僅僅是提升運作效率、將工作標準化、維持品質與系統化管理，更是為了讓 UX 研究擴展到組織更多地方，形成企業文化，深植於組織當中。在國外，為了持續推動優質 UX 研究，興起了一股名為「ResearchOps」的理念。為了向組織全體傳達 UX 研究的價值，並且擴大其效果，某些公司組織甚至成立了專門的 ResearchOps 團隊。

想要更加認識 ResearchOps 精神的讀者，可以在網路上搜尋 ResearchOps Community（https://researchops.community/），在這個網路社群中，數千名成員針對這一主題展開活躍討論。

ResearchOps 的 6 個要素

ResearchOps 具有以下 6 個要素：

① 效率化的招募

提升與招募工作的整理效率，舉凡招募與篩選、日程管理、謝禮準備等。

② 治理結構

為了進行安全及合乎道德的調查，制定相關流程與規費，諸如準備調查同意書、個資保護聲明、資料保管規範等。

③ 工具

調查並使用可提升整體工作效率的工具和平台。

④ 知識管理

梳理、彙整從調查中得到的知識與洞察，整理成方便人們使用的形式，使這些知識經驗成為組織的資產。

⑤ 素養（Competence）

完善訪談大綱、研究範例、輔導訓練及入職資料等，使任何人都能快速進入狀況。

⑥ 宣傳推廣

向組織全體宣傳與分享 UX 研究的價值。

出處：https://www.nngroup.com/articles/research-ops-101/

ResearchOps 的實踐案例

我想依序以 ResearchOps 的 6 大要素為主軸，介紹筆者實際正在進行的工作。請根據你的工作環境，從適合的地方著手挑戰。

① 效率化的招募

為了提升招募效率，讓我們從瞭解招募的整體過程開始。

招募流程

決定招募條件 → 決定招募方式 → 篩選 → 日程調整 → 確定受訪者人選

第一步是決定希望什麼樣的人參加本次研究，寫下預期條件，再考慮招募方式。招募受訪者的方式包括，向使用服務的用戶發送調查問卷、委託第三方市調公司，或是向社會大眾募集的方式等，請根

據你的研究目的與時機，選擇適當的方式。接下來是篩選階段。篩選是指全部的可能人選中，篩選出最終受訪者的過程。邀請這些人回答篩選用問卷，並根據回答內容進行篩選，決定受訪者的優先順序。

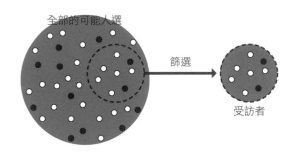

接著是協調訪談日程，確認最終的受訪者。但是，即便到了這時候也不能鬆懈下來。在臨近調查日前要記得提醒受訪者參加，同時也必須考慮受訪者不克參加的應對措施。在調查結束後，也別忘了給予酬勞並致謝。

特別是邀請服務用戶進行調查協助時，UX 研究本身就是與使用者的直接接觸點。為了不損害組織和服務在使用者心中的印象，致力提升受訪者招募過程的品質，最佳化 UX 研究的參與體驗也很重要。

定義招募流程

招募受訪者可以說是 UX 研究中最花時間的工作，通常需要 1 ～ 2 週的時間。因此，為了持續進行 UX 研究，效率化的招募流程是非常重要的。首先，請先列出並縱覽所有招募流程與任務內容，寫下各自的頻率及所需時間等。當其他人想要挑戰 UX 研究時，就能掌握大致所需的時間，也可以成為推進工作的參考。如果能更進一步，準備好各流程項目的指導手冊就更好了。

発生頻度	タスク	内容	所要時間
月1	調査設計	実施要望を集めて実施頻度とスケジュールを決める	-
月1	調査設計	実施要望を集めて対象者条件を決める	-
月1	スケジューリング	リクルーティングのスケジュールを共有する	-
月1	SQL準備	対象者条件に変更がある場合はデータアナリストに相談する	-
月1	SQL準備	対象者の抽出	30
月1	スクリーニングアンケート作成	前回までの項目に変更があれば原本に手を加える	60
月1	スクリーニングアンケート作成	変更点を編集する	60
月1	スクリーニングアンケート確認	テスト用で意図したロジック通りに挙動するか複数パターン確認する	60
月1	スクリーニングアンケート作成	テスト用と本番用のURL発行	10
月1	配信文言作成	タイトル、配信日、お問い合わせ番号を更新する	10
月1	配信文言作成	アンケートのURLを更新する	10
月1	配信文言作成	カレンダーを確認し配信日と時間を決める	10
月1	配信日予約	配信日を予約する	10
月1	配信日予約	配信日確定の連絡を受け取る	-
月1	配信ツール設定	配信予約をする	-
月1	配信ツール設定	テスト配信を行う	10
月1	問い合わせ対応	CSに配信日を共有する	10
月1	問い合わせ対応	CS経由で共有される問い合わせに対応する	-
月1	問い合わせ対応	新しい問い合わせがあった場合、Q&Aリストを更新する	-
週1	対象者選定	第一候補、第二候補、第三候補まで優先度をつける	30
週1	日程調整	第一候補に日程調整メールを送る	10
週1	日程調整	確定者に日程確定メールを送る	10
週1	日程調整	第二候補に日程調整メールを送る	10
週1	日程調整	確定者に日程確定メールを送る	10
週1	日程調整	第三候補に日程調整メールを送る	10
週1	日程調整	確定者に日程確定メールを送る	10
週1	日程調整	前日リマインドメールを送る	10
週1	動画格納	動画を格納する	5
週1	謝礼付与	ダブルチェックし謝礼を付与する	10
週1	誓約書の回収	誓約書が届いていない場合、リマインドする	10

招募流程與任務內容表

建立受訪者資料庫

事先建立好受訪者資料庫,可以有效縮短實施調查的所需時間。筆者以每月一次的頻率發送調查問卷來募集受訪者。

當其他部門或專案也想進行 UX 研究時,這時我們可以思考的問題是,能不能共享這個受訪者資料庫。在調查問卷中加入一般性問題,可以省下重複招募的麻煩與時間成本。

準備篩選用的事前問卷

在整個招募過程中,難度最大的應該就是設計篩選用問卷了。對於從來沒有進行過問卷設計的人來說,也許會讓人感到無措,不知從何下手。這種時候不妨參考過去的問卷。當然,你也必須根據研究

目的，調整問卷的內容，但是因為有很多固定題目和整體架構可以參考，比起一切從零開始，參考過去問卷進行調整設計更有效率，也更容易，歡迎參考本書附錄的問卷範本。

カテゴリ	回答形式	Q	質問		必須性量	回答者条件	表示条件	メモ
プロフィール	SA	Q7	お客さまご自身についてお聞きします。 性別を教えて下さい。		必須	全員		
			1	男性				
			2	女性				
			3	その他				
			4	答えたくない				
	SA	Q8	お住まいの都道府県を教えてください。		必須	全員		
			47都道府県単位					
	FA	Q9	ご年齢を数字でお答えください。【例：36歳の場合、「36」と数字のみ入力。歳、才などは不要です】		必須	全員		
	SA	Q10	ご職業を教えてください。		必須	全員		
			1	正社員				
			2	契約社員				
			3	派遣社員				
			4	会社経営者・役員				
			5	公務員				
			6	自営業・フリーランス				
			7	専業主婦・主夫				
			8	パート・アルバイト				
			9	学生（高校生）				
			10	学生（大学生・大学院生・専門学校生）				
			11	学生（その他）				
			12	無職				
			13	その他（FA）				
	SA	Q11	ビデオ通話アプリを使用してオンラインインタビューを行います。ご協力いただけますか。		必須	全員		
			1	はい				
			2	いいえ（アンケートを終了します）				アンケートを終了

篩選用問卷的範例

效率化協調時程

聯絡受訪者、調整訪談時程不僅需要時間，也容易出現弄錯日期時間或重複預定的情況，很容易發生人為失誤。為了盡可能讓時程調整工作更加順利，最好事先透過篩選問卷，詢問受訪者有空參與的日期時間。

另外，善用如 Calendly（https://calendly.com/）這類的時程協調工具也是一種方法。設定好預定的調查時段，向受訪者傳送網址連結，他們只需要開啟此連結，從我們提供的調查時段中選擇合適的時間即可。Calendly 除了可以避免與 Google 日曆上的其他活動產生衝突外，還可以將已填寫的時段範圍設定成無法讓其他人預約，進而避免雙重預定的情況。Calendly 是一項免費工具，請務必使用看看。

在 Calendly 上協調調查時程

降低謝禮的管理成本

以前我們使用實體的 Amazon 禮卡作為訪談謝禮，後來發現訂購與管理實體禮物卡也會佔用一定的工作時間。因此，現在改為向受訪者提供本公司服務的點數。當然，這種提供服務點數的方式，根據不同的研究目標，可能會出現不適合的情況，例如，當我們想對未使用本公司服務的人進行調查時，受訪者可能會覺得這個謝禮沒有吸引力。在這種情況下，不妨將謝禮改成電子禮卡，這樣就算是提供 Amazon 禮物卡，也能降低謝禮的管理成本。

將招募例行化

在 Merpay，最有助於提升招募效率的實踐，正是將「招募例行化」。我們將 UX 研究的實施日期固定在星期三，在前一個星期四，向受訪者傳送訪談邀請，協調日程，在前一天的星期二傳送訪談提醒，將招募訪談者這件事變成例行工作。這麼做不但不容易忘記調查工作，還可以作為固定業務委託外部公司協助處理，甚至在組織成員的腦海中形成「星期三是 UX 研究日」的認知，更有助於在組織中推廣 UX 研究文化（請參照第 7 章的〈Weekly UX 研究〉）。

② 治理結構

向專業人士諮詢如個資管理、法律及研究倫理方面應該遵循的事項，擬定 UX 研究時的訪談同意書等資料。

決定UX研究時的說明事項

在調查或訪談的最一開始，好好向受訪者說明個資處理規範。以下提供筆者的說明方式供各位參考，詳細範本可見附錄。除了採訪當下的說明，在平常實施研究或調查時，應該時刻意識到個資處理的重要性。

● **明確立場**

我是△△公司的某某，負責主持今天的訪談活動。

● **說明訪談目的**

今天佔用○○先生／女士的時間，想要瞭解您對於敝司新服務的構想的感受與意見，您所提及的內容將會成為今後服務開發的參考。

● **獲得拍攝、轉播的許可**

為了如實記錄您的意見，請允許我拍攝訪談過程。拍攝內容包含您的聲音與智慧型手機的操作畫面，不會用於分析以外的目的。我們會將資料嚴格管理。

此外，我們會轉播今日的訪談過程，希望能獲得您的同意與諒解。一些人員會在另一個房間聆聽您的談話（獲得對方同意後才能開始拍攝、轉播）。

● **得到保密的約定**

最後，您今天在這裡看到的內容包含未公開的資訊，因此，希望您可以保密，不要和其他人分享，也不要寫在社群媒體上（請對方在同意書上簽名）。

準備調查同意書

請讓受訪者填寫調查同意書。最好請教法務部或熟知調查倫理的專業人士，委託他們審閱同意書的內容細節。如果組織中沒有專門負責這領域的成員，請根據需要向外部專家諮詢。

建立個資管理規範

如果組織中已經存在個資管理規範，則可以據此決定資料的管理方法。如果這些辦法規章尚未到位，則必須與個資安全和合規性相關單位合作，建立完善的管理規範。

③ 工具

積極嘗試並為團隊或組織引入有助於 UX 研究的工具。

軟體

筆者在工作時會運用以下軟體。雖然可能有資訊安全和預算方面的限制，但是在這些軟體中也有可以免費使用的生產力工具，請一邊嘗試，一邊找出符合你需求的工具。

- Calendly（協調日程用）https://calendly.com/

- Cloudsign（簽訂訪談同意書）https://www.cloudsign.jp/

- Azure Video Analyzer for Media（影片拍攝用）
  https://www.videoindexer.ai/

- Dovetail（分析用）https://dovetailapp.com/

- Figma（原型設計）https://www.figma.com/

- Miro（工作坊活動用）https://miro.com/

硬體

為了讓 UX 研究順利進行，也需要確實完善硬體部分。特別是調查用的電腦和智慧型手機，為了避免發生故障等意外，預先準備好幾部比較令人放心。將這些硬體設備整理到一個行李箱，在移動到調查場所時也比較輕鬆。

● 調查用電腦

● 調查用智慧型手機

● 手機用三腳架

● 三軸穩定器

● 數位展台

● 充電器

器材設備

用行李箱收納訪談器材，方便移動

④ 知識管理

將調查結果整理成方便組織利用的智慧資產。

整合資料

如果你想在組織中持續推動 UX 研究，就會遇到被人們問及：「過去有做過這類調查嗎？」、「我想知道關於〇〇這個主題，如果有相關參考資料的話，請告訴我」等情況。如果能一下子回答出來當然是最好的，但每一次從頭查找資料也得花上一番力氣。另外，如果這些知識與經驗只存在你自己的腦中，當你離開時，從公司組織的角度來看，組織就會失去很大的資產。為了有效利用過去的調查結果，也為了讓其他人能更容易地參考，首先以將整合、集中資料為目標。即便是將調查資料集中在同一個資料夾裡，也能省去了尋找的麻煩。另外，如果其他組織也同樣在進行 UX 研究，最理想的狀況是，將跨部門、跨組織的所有相關資料都整合到一起。

考慮資料的取用性

成功整合資料後，接下來是考慮如何提升相關人員存取資料的便利性。一旦人們可以快速掌握想參考哪些調查主題，就能避免像大海撈針般查詢資料的狀況。另外，雖然被統稱為「資料」，也許有人想透過訪談影片，仔細觀察受訪者的發言和操作情況，也有人只想透過書面總結，快速瞭解調查結果的概要。因此，應該將這些多樣化的情報分批而有序地整理，滿足各參閱者的需求。筆者利用試算表軟體來管理過去各 UX 研究專案的各種資訊，歡迎參考本書附錄的「UX 研究清單」檔案，根據你的需求重新調整。

- 日期

- 受訪者資訊

- 負責人

- 研究主題

- 訪談大綱

- 訪談紀錄

● 訪談影片

● 報告

日付	調査協力者情報	担当者	案件	ガイド	記録	動画	レポート
2020/4/28	こちら	松園	・UT_eKYC ・コンセプトテスト_おくる・もらう	ガイド	記録	動画	レポート
2020/4/22	こちら	草野	・UT_eKYC ・コンセプトテスト_おくる・もらう	ガイド	記録	動画	レポート
2020/4/15	こちら	草野	・UT_eKYC ・UT_定額払い ・コンセプトテスト_おくる・もらう	ガイド	記録	動画	レポート
2020/4/8	こちら	松園	・UT_eKYC ・コンセプトテスト_おくる・もらう	ガイド	記録	動画	レポート
2020/4/1	こちら	草野	・UT_eKYC ・コンセプト評価_おくる・もらう ・コンセプトテスト_定額払い	ガイド	記録	動画	レポート
2020/3/25	こちら	松園	・UT_eKYC ・UT_定額払い ・コンセプトテスト_おくる・もらう	ガイド	記録	動画	レポート
2020/3/18	こちら	草野	・UT_eKYC ・コンセプトテスト_おくる・もらう	ガイド	記録	動画	レポート
2020/3/11	こちら	松園	・UT_eKYC ・UT_定額払い	ガイド	記録	動画	レポート

利用表格統整過去的 UX 研究資料

⑤ 素養

為了讓每個人都能輕鬆地開始 UX 研究，讓我們努力降低邁出第一步的門檻。

準備範本

準備調查計劃書和指導手冊等參考範本，可以讓人們更快速上手，輕鬆進入狀況。這不僅有助於提升工作效率，之後重新審視這些文件時，也可以透過文件類型及體裁，快速瞭解各種檔案資料的用途。另外，如果也能事先準備好概念測試的範本，請其他人實施測試時就能有效降低溝通成本，參考範例如法炮製也可以減少事前準備的工作負擔。本書附錄中同樣提供了指導手冊與和訪談記錄範本，歡迎多加參考。

ID3		2020年11月4日 (水) 18：00～19：00
		20代・男性
自己紹介	年齢	
	住まい	
	同居家族	
	仕事内容	
	時間があるときにやることや趣味	

使用者訪談的紀錄範本

準備使用手冊

撰寫使用手冊，說明工具的使用方法和例行業務。以 Merpay 的例子來說，我們準備了以下手冊。

- Calendly 的使用說明

- Cloudsign 的使用說明

- 用來發送問卷的內部工具之使用說明

- 實施線上 UX 研究活動的方法

- 與使用者協調日程的郵件內容範本

準備學習教材

為了鼓勵所有人展開 UX 研究，首先要準備能夠學習並實踐 UX 研究的輔助教材。準備這些內容，可能會對現在的你造成暫時性的工作負擔，但從長遠來看，當願意參與 UX 研究的人們逐漸增加，這不僅對你個人有幫助，也對組織發展有著極大價值。

在 Merpay，我們持續更新參考文件，總結每一次的 UX 研究經驗，並且不定期舉辦學習分享會。例如，我們會與準備第一次挑戰 UX

研究的人們分享在使用者訪談時應該注意的要點，或是在學習分享會上，向參與者分享 UX 研究的基礎知識，帶著大家進行「走查」模擬演練等等。毫無心理準備就挑戰使用者採訪和可用性測試，是一件難度很大且令人忐忑的事。也可能有人認為使用者訪談不過就是一場普通的日常對話，這樣輕慢、隨便的態度也不可取。在走查練習中，不如讓人們親身經歷，直接面臨失敗和挫折，進而調整對於調查活動的態度與觀念，或者透過實際演練，讓人確實抓住與使用者互動的感覺，就能更加有自信地進行實戰。

此外，Merpay 還設立了可以學習 UX 研究並付諸實踐的「UXR Academy」學習庫，由講義形式的「基礎篇」、講義和應用課題相結合的「實踐篇」組成，分別包含下列內容：

- **基礎篇**
    - UX 研究概論
    - 撰寫調查計畫
    - 研究方法介紹
    - 案例介紹
    - 在組織內開始 UX 研究的方法

- **實踐篇**
    - 調查計畫
    - 設計篩選用問卷
    - 設計問題內容
    - 實施調查
    - 分析工作坊

⑥ 宣傳推廣

向整個組織中共享和宣揚 UX 研究價值也很重要。

推廣UX研究的價值

正如前文所述，Merpay 將星期三定為 UX 研究日。這樣不僅將 UX 研究工作日常化，還能讓人們加深「星期三就是 UX 研究的日子」這樣的認知，也能讓希望參與或觀摩的人在自己的工作行程裡預先留下時段。為了持續推廣 UX 研究價值所做的努力，與第 5 章中「一起增加 UX 研究同伴」的方法有不少相似之處。

與外部夥伴協同合作

讀到這裡，可能會有人認為這一切光靠自己是做不到的。當然，我們沒有必要只靠自己。從似乎可以努力的事情開始，一點一點地做就可以了，而且，也考慮借助外部夥伴的力量，與他們協同合作。

諮詢第三方市調公司

市調公司的服務項目包含從調查的企劃、實施與分析等全部過程，或者也可以只委託一部分業務，比方說，將招募受訪者的工作外包給市調公司。如果是這種情況，請和負責人員確認業務委託的內容範疇，例如設計與發送篩選用問卷，與受訪者協調訪談時段、簽署同意書、準備謝禮，以及訪談活動當天的流程規劃等等。

委託研究助理

Merpay 會聘用研究助理，協助處理調查研究，其工作內容主要涉及受訪者招募與知識管理等業務，具體內容包括但不限於，聯絡受訪者、協調訪談時間調查協助者，以及管理過去的資料等等。多虧了研究助理的存在，筆者才能夠集中精力進行 UX 研究的調查內容規劃、實施與分析工作。或者讀者們也可以使用線上秘書等類似服務。

參加教育訓練或研討會

剛開始 UX 研究的時候，你可能會這麼想：「先別提整理學習教材了，當然是先讓自己學會這一切才對！」此時，不妨多參加教育訓練課程或相關研討會，把習得的知識帶回組織，與其他成員分享。

本章回顧

☐ 為了在組織中形成 UX 研究的風氣，必須致力提升 UX 研究的運用效率，並建立相應系統與體制。

☐ ResearchOps 是一種持續打造優質 UX 研究的理念思潮。

☐ 根據情況從必要的地方開始努力，必要時也可以借助外部夥伴的力量。

專欄分享　UX 研究的實用工具

UX 研究無需特殊器材設備就能開始，而適當使用相關工具，可以更有效率地推動 UX 研究。以下介紹筆者正在使用的生產力工具。

首先，我使用 Google 文件來總結研究計畫書。在設計問卷內容時，我會使用 Google 試算表，表格形式可以讓人直觀地看出提問類型與設計邏輯。在總結調查結果時，我會使用 Google 簡報。利用上述這些 Google Workspace 的產品及服務（https://workspace.google.com/），團隊成員可以共同編輯協作，在版本控制方面也很輕鬆。

在原型製作方面，我使用的軟體包括 Figma、InVision、Adobe XD，可以輕鬆製作 flow chart 或 wireframe 等 UI 介面，管理起來也很容易。

在分析方面，我會使用 Dovetail 等質性資料分析工具，對資料進行各種分析，以多元而全面的角度檢視資料。如圖所示，我可以對分割後的文本資料逐一加上相關標籤。

Content	Tags
UXリサーチに至らない。組織内においてインタビューの価値が低く、1度も実施したことがない。代わりにアンケートはよくやっているが、集計結果の分析はほとんどせず、好感度が良かった、良くなかった程度で終わってしまう。	周りの理解を得る 23
可能性を広げられたことは良かったと思うが、結局PMはリサーチしてもしなくても目的達成のための一番簡単な手段を選んだのではないかと思ってしまった。 どのように結論を持っていけばもっと建設的に進められたのか悩んでいる。	ファシリテーション 4 調査の活かし方 23
インタビューの際につい誘導的な質問をしてしまう。	インタビュースキル 10 誘導質問 2
企業を通してユーザインタビューに行った際、企業の方も同行することになり、企業の方とユーザさんの雑談が盛り上がり、こちらが聞きたいことが中々聞けなかった。	B2B 3
リサーチの結果を、機能開発の時にうまくいかせず、結局調査とは関係ない仮説に基づいて考えることになってしました。	ファシリテーション 4 調査の活かし方 23
ヒアリングでは本当に大事にしていることを聞き出すことができず、聞いた内容を踏まえて対応したことと、乖離があった。	インタビュースキル 10

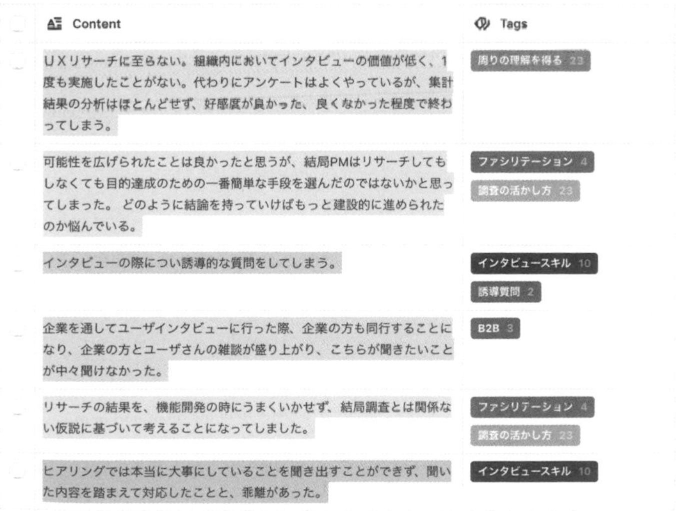

此外，還可以對這些自定義標籤進行分類，快速查看各個標籤中包含什麼樣的資料。

另外，我也會在 Google 試算表中製作符合 SCAT 等分析方法的表格，即便不使用專門軟體，也能分析質性資料。

我有時也會將 Miro 和 Figma 當作分析工具來使用。這些工具能以視覺化、圖形化的方式呈現資料，在分析多位受訪者資料時非常實用。

如上所述，市面上有各式各樣有助於提升 UX 研究效率的工具，請務必多多嘗試，搭配出符合你工作需求的組合。此外，服務與生產力工具總是在推陳出新，不妨根據你的目的與需求，多多嘗試新的東西，也許能為你帶來意想不到的價值。

第 7 章

UX 研究的實際案例

實際的應用情況？

本章介紹筆者實際經手過的幾項 UX 研究專案，這些專案有些是簡單的 UX 研究，也有運用數種調查研究方法的案例，我在本章總結了各專案的特色，讀者可以根據自身工作情境加以參考。

目標階段	1	2	3	4	5
本章可幫助讀者	瞭解UX 研究的實際應用案例 瞭解如何根據不同狀況採取適當手法				

研究專案總覽

本書介紹了筆者在 Merpay 公司實際接觸過的 7 個 UX 研究專案。
請參考這些專案的研究類型、對應階段、方法、UX 要素等,從符
合你自身情況的內容開始閱讀。

專案名稱	案例簡介	研究類型	對應階段	方法	UX 要素
「使用上限金額」的設定功能	這項專案的主旨是調查新功能的概念及可用性。可以學習如何從小地方展開概念測試與可用性測試。	驗證	Stage 1~2	● 概念測試 ● 可用性測試	使用前~使用中 框架一表面
maruhadaka PJ	這是為了瞭解使用者實際使用服務的樣子而展開的調查。可以學習深度訪談或訪問調查等探索式研究的方法。	探索	Stage 2~3	● 深度訪談 ● 日誌研究 ● 訪問調查	使用前~整體使用時間 範圍一表面
轉帳‧收款	這是關於轉帳服務的專案。本專案結合了質性資料與量化資料,可以學習從策略擬定到 UI 設計,廣泛實踐 UX 研究的方法。	探索&驗證	Stage 3~	● 概念測試 ● 可用性測試 ● 問卷調查	使用前~使用後 策略一表面
定額支付	這是關於分期付款的專案,從瞭解現有使用者的想法開始,到激發新點子的工作坊,再到 UI 設計,可以學習多元的 UX 研究實踐方法。	探索&驗證	Stage 3~	● 深度訪談 ● 人物誌 ● 顧客旅程地圖 ● 概念測試 ● 可用性測試	使用前~使用後 策略一表面
「初始設定」的流程	這個專案是為了調查使用者首次接觸 Merpay 服務而進行初始設定的流程。可以學習如何對多次可用性測試的結果進行綜合分析。	探索	Stage 3~	● 可用性測試 ● 多元資料的綜合分析	使用前~使用後 框架一表面
Weekly UX 研究	學習如何建立透過有效率的機制,持續定期舉行 UX 研究活動,並參考已實施的 UX 研究案例。	打造架構	Stage 1~2	● 打造 UX 研究的組織架構 ● 可用性測試	視專案內容而定
遠端 UX 研究	瞭解在遠距工作環境下也能為 UX 研究打造架構與機制的方法。	打造架構	Stage 2~3	● 打造 UX 研究的組織架構	視專案內容而定

在這些專案中，我們以職務名稱代指各相關人員，例如文中會以UX 研究員表示筆者。另外，如前文所述，在 Mercari 和 Merpay 團隊中，我們將使用者稱「客人」，在這些實際案例也使用同樣的稱呼。

案例 1：「使用上限金額」的設定功能

「使用上限金額」的設定功能是「メルペイスマート払い」（Merpay 的「先享後付」服務）的其中一項功能，顧客可以先購買心儀商品，在下個月再支付消費金額。這裡，我想介紹針對此功能而進行的 UX 研究。

案例簡介

「使用上限金額」的設定功能是指根據自己的預算，由使用者自行設定利用 Merpay 支付的金額上限。在 UI 設計上採用消費進度來表示剩餘的可使用金額，讓使用者更能快速看出本月的消費量。筆者想在此介紹，在正式推出此功能之前，我們實施過的概念測試和可用性測試。

表示使用上限金額的 UI 畫面。以消費進度表示剩餘的可使用金額。（畫面資料為 2021 年 1 月的版本。）

狀況理解

在展開這項 UX 研究時，團隊正處於「メルペイスマート払い」服務的開發階段。信用卡的分期付款服務對人們來說的確很便利，但透過實際調查，我們也發現消費者會擔心「過度使用」信用卡的分期付款服務。針對這個痛點，我們提出了「為了消除人們對於可能過度使用信用卡分期付款服務的不安感，『メルペイスマート払い』應該具備什麼樣的功能」這個研究目標，進行了相應的 UX 研究。

研究設計

為了進行 UX 研究，我們將這個研究問題拆解為三個更細緻的問題。第一，釐清令使用者感到不安的因素；第二，找出能夠消除不安因素的功能；第三，使該功能的 UI 畫面更平易近人、更好用。而我們所採取的具體研究方法是，借助後文將介紹的「Weekly UX 研究」機制，設計出一個結合了概念測試和可用性測試的調查步驟。

UX 研究的準備、實施與分析

概念測試

首先，我們以文字形式表述服務的價值理念，調查讓客人們感到不安的因素。我們之所以在此概念測試中選擇使用文字說明，是因為當時還沒有可用於調查的實際設計和開發樣品等資源。這時我們採用了「即使一個人也能進行 UX 研究」的方法。透過概念測試，我們得到了「可能會過度使用而感到不安」的意見回饋，因此，我們更進一步，詳細調查了人們產生這種感受的理由。透過更深入的調查，進而得到了消除不安感的靈感。

然後，以這個靈感作為討論的原點，提出了由客人自己設定使用上限金額的點子，接著決定再次利用概念測試進行驗證。結果表明，這個點子的確可以緩解受訪者對於過度使用「先享後付」服務的不安感，也同時獲得了一些 UI 設計的靈感。

かんたんで使いすぎない
かしこいスマホ決済

5秒でお金の予定を立てよう
月に10,000円、50,000円など、上限を選べます
気づいたら使いすぎた！はありません

お金のやりくりは全て見える！
使ったらすぐにアプリに反映、
何にいくら使ったかはすぐわかる

使った分は月一回の支払いでスマートに
月一回の簡単支払い
細かくチャージしておく手間はありません

在概念測試時所用的文字說明範例。

可用性測試

在一定程度確定概念後，接下來是討論 UI 設計。以產品經理（以下稱為 PM）和設計師為中心，由他們主導 UI 設計方案，而 UX 研究員負責可用性測試。測試目的是為了驗證在 UI 方案是否可以減輕人們對於過度使用的不安感。團隊一邊參考可用性測試的結果，一邊持續改善畫面設計，最終製作出清楚易懂的 UI。最後我們採用的 UI 方案是，將使用者自行設定的上限金額作為最大值，在每次消費後，剩餘使用額度會隨之減少的設計。除了可以減輕過度消費的不安感之外，客人認為這個 UI 方案不僅清楚易懂，而且使用起來很方便。

根據可用性測試結果而產生的「使用額度隨消費金額減少」之設計

結果應用

透過此 UX 研究而討論出的「使用上限金額的設定功能」，是「メルペイスマート払い」服務發布初期即有的功能。在服務發布後的 UX 研究活動中，也收到了「自行設定上限金額的功能很棒」、「根據累計的消費總金額，每月只要一次性付款就可以了，用起來很方便」的感想。從這些使用者的意見回饋來看，可以說 UI 設計成功體現了概念。另一方面，在服務發布後，我們也收到了「不好用」的批評。因此，不僅在發布前，在服務發布後也要持續利用 UX 研究，不斷提升服務的易用性。此外，透過這些 UX 研究獲得的洞察，例如讓客戶感到不安的因素，至今仍被廣泛作為證據，在專案討論時為團隊成員所用，成為了「打造讓客人安心使用的服務」的立論基礎。

增加同伴的方法

在這個案例中，我們的主要合作對象是 PM 和設計師。為了促進協作，我們設法對概念測試和可用性測試的實際過程進行轉播，讓他們看到受訪者真實的反應。特別是在設計 UI 並進行可用性測試的階段，我們利用「Weekly UX 研究」機制，每週都得到了進行調查的機會，不斷嘗試創意構想，與 PM 和設計師共同展開了熱烈討論。

當時我們將大部分的受訪者招募工作委託給第三方調查公司，請他們協助發送篩選用問卷、聯繫受訪者、支付謝禮等事項。多虧了他們，UX 研究員可以將心力專注於實施調查，分析結果並與組織成員共享。

案例 2：maruhadaka PJ

接下來，我們將介紹一個由 UX 研究團隊自主策劃和執行的 maruhadaka Project（本書將這個專案稱為「maruhadaka PJ」）。

案例簡介

正如其名（譯註：在日文中 maruhadaka 有「原形畢露」的意思），maruhadaka PJ 這個 UX 研究專案，旨在深入而透徹地瞭解顧客，到彷彿讓人原形畢露的程度。這個專案的特別之處在於，不同於接受其他團隊委託或諮詢而進行的調查，這是由 UX 研究小組自主展開的探索式研究。

狀況理解

迄今為止，maruhadaka PJ 實施過了 4 項專案，有時候我們會根據業務和服務的當前狀況，設定相對應的研究目標。這次以 maruhadaka2 為例進行介紹。

- **maruhadaka1** 在推出 Merpay 行動支付服務不久後，為了提升對顧客群像的認識而實施的調查活動。

- **maruhadaka2** 對「メルペイスマート払い」服務進行品牌再造（rebranding）後，想要掌握服務認知度與實際使用情形而進行的調查。

- **maruhadaka3** 為了深入瞭解持續使用 Merpay 服務的客人而進行的調查。

- **maruhadaka4** 接續 maruhadaka3 專案，為了深入探究持續使用 Merpay 服務的客人而進行的調查。

開始 maruhadaka2 專案的時間點，是我們剛對「メルペイスマート払い」服務進行品牌再造後不久，而研究目的是想了解顧客對於新服務的認知和實際使用情況。另外，在對服務進行品牌再造的同時，也進行了大規模的宣傳推廣活動，我們也想調查這些推廣活動的成效與有待改善之處，為日後行銷計劃提供參考。

研究設計

這個專案涉及了許多相關人員，包括 PM、資料分析師、行銷企劃人員、設計師等，而他們對 UX 研究的期待和想法也各不相同。因此，我們首先舉行了啟動會議，請與會人員各自列舉了調查結果的可能應用方式。在眾人的討論之下，我們不僅掌握了「メルペイスマート払い」服務經過品牌再造之後的變化，也收穫了無數相關需求與主題。

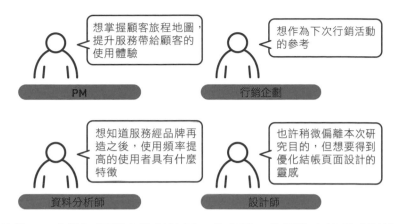

基於 PM「想把握顧客旅程地圖」的意見，我們決定拉長時間軸，不單單只觀察品牌再造前後的變化，而是在客人使用 Merpay 服務的整體時間歷程中，觀察品牌再造後的服務對其使用行為產生了什麼樣的影響。此外，就資料分析師「想知道服務經品牌再造之後，使用頻率提高的使用者具有什麼特徵」的意見反覆討論後，最終得出了「想知道顧客認為 Merpay 與其他支付方式相比具有哪些獨特價值」的想法。

透過這樣活躍的討論，我們更加瞭解到客人們的生活脈絡，除了 Merpay 服務以外，還他們對於其他支付方式的想法，以更全面的視角檢視 Merpay 服務的定位。

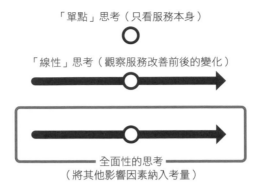

「單點」思考（只看服務本身）

「線性」思考（觀察服務改善前後的變化）

全面性的思考
（將其他影響因素納入考量）

像這樣，在啟動會議上，讓相關人員自由提出意見，充分表達想法，獲得研究調查的新切入點和靈感。不過，實施 UX 研究所需的時間和資源也是有限的，因此沿著大方向目標，判斷、篩選出在這一項專案應該處理的問題範圍（scope）也很重要。

因此，在 maruhadaka2 專案中，我們以「經品牌再造後，那些客人更頻繁地使用服務？」這一問題為中心，設計了以下調查。

調查整體架構

透過與使用者進行深度訪談中，按時間順序紀錄顧客使用 Merpay 的實際情形，而為了更全面更透徹地掌握使用狀況，更加入了日誌研究與訪問調查。日誌研究部分，我們請受訪者記錄了一個月內的日常購物和金錢流向，訪問調查則是實際前往受訪者的家中，詳細詢問關於日誌研究中所紀錄的內容，並且透過家庭開支簿等紀錄，調查受訪者在實際生活中管理金錢的方式。

線性：
深度訪談

全面：
加入日誌研究、訪問調查

研究計畫書的內容

研究目的

- 以服務使用頻率增加的客人為研究對象，瞭解「メルペイスマート払い」服務經品牌再造後，調查受訪者對於服務的認知度、使用動機與實際使用情形。
- 目前為止的 Merpay 使用經驗
- 品牌再造後的印象
- 推廣活動的認知度、參加及未參加的理由
- **調查顧客平時的消費行為與金錢支出，探究 Merpay 的服務定位與可提供的價值**
- 生活脈絡及實際使用情形
  - 1 個月內的現金流
  - 消費金額、店家、頻率
  - 管理金錢的方式
- 選擇 Merpay ／選擇其他支付方式的理由

對象

- 使用「メルペイスマート払い」功能的用戶（**6** 名）
- 未使用「メルペイスマート払い」功能的用戶（**4** 名）

研究方法

- **深度訪談**
- **日誌研究**
- 在深度訪談後，請受訪者紀錄 1 個月的消費情形
- **訪問調查**
- 在日誌研究後實施

研究內容

- 另行記錄

結果應用

- 繪製使用「メルペイスマート払い」服務的人物誌，為日後決策提供參考（**UX 研究員**、**資料分析師**）
- 視覺化呈現顧客旅程地圖，用於提昇服務（**PM**）
- 確認前次推廣活動的改善之處，應用於下次企劃（行銷人員）
- 瞭解目前版本的結帳頁面是否存在有待改善之處，為新的 **UI** 設計方案提供靈感（設計師）

時程規劃

- 深度訪談
  - 啟動會議 確認研究細節 12/2 〜
  - 發送問卷 12/9 〜
  - 與受訪者協調時程 12/12 〜
  - 實施調查 12/16 〜
  - 分析 12/23 〜
- 日誌研究
  - 從 12 月底到 1 月底之間的 1 個月
- 訪問調查
  - 2 月初（預定）

負責人

- 查詢使用者資料（資料分析師）
- 設計問卷（**UX 研究員**）
- 時程協調（**PM**）
- 訪談（參考排班表）

預算

- 深度訪談
  - 謝禮：〇〇日圓
  - 速記費[*1]：〇〇日圓

- 日誌研究
  - 謝禮：○○日圓
- 訪問調查
  - 謝禮：○○日圓

*1：在訪談過程中速記發言內容。

UX 研究的準備、實施與分析

深度訪談

設計了整體研究架構之後，接下來是深度訪談的設計。因為在啟動會議上，人們列舉了幾個想深入瞭解的具體內容，所以我以此為參考設計了提問項目。先建立問卷調查的大方向，再接著考慮各道問題的細節。

以本次研究的主要方向來看，我們不只想要觀察品牌再造後人們對於服務認知度的變化，同時想觀察受訪者使用 Merpay 服務的整體使用歷史。因此我想先以「線性」來掌握顧客的使用時間、經驗，然後再聚焦於特定的關注點，提出更明確的問題。我們準備了名為「Merpay 使用年表」的表格，並與受訪者一起填寫。

Merpay使用年表

	認識契機 ○年○月				現在 ○年○月
主要使用方式 (使用體驗、關於服 務的意見、評價等)					
當時的情形 (用〜買了〜、 使用了某功能等)					
當時的回憶 (看了〜、去了〜、 發現了〜等)					

接下來是更明確詳細的問題。比方說，行銷人員想要瞭解以下問題：

● 您知道推廣活動嗎？

● 知道推廣活動卻沒有參加的理由

這時可以利用「5W3H」提問法，更具體而深入地提出問題，比如以下幾個問題：

● **Who** 透過誰得知推廣活動？

● **Where** 在哪裡得知推廣活動？

● **When** 在何時得知推廣活動？

● **How** 對於推廣活動的印象是？

● **What** 知道能夠得到什麼回饋嗎？

● **Why** 參加與不參加的理由

● **How much** 具體消費金額

● **How often** 使用頻率

當問題如雨後春筍般出現後，再以易於回答的順序進行編排。假如問題數量太多，則視問題的重要性與優先度適當調整。最後，我們做好了如下的訪談大綱。

訪談大綱

首先，請受訪者填寫「Merpay 使用年表」（向受訪者遞出紙本表格）。接著，與受訪者一同檢視該表格，針對填寫內容進行提問。

● 認識的契機
  ● 廣告／推廣活動
    ● 認知情形
    ● 在何處得知
    ● 在何時得知

- 有什麼印象
  - 對於活動內容的理解程度
  - 使用意願與理由
- **請受訪者分享產生「試試看」想法的心路歷程**
- **請受訪者分享到目前為止的使用經驗**
  - 有什麼特別的體驗或印象嗎？
    - 店家
    - 消費內容
    - 金額
    - 頻率
  - 從什麼時候開始頻繁使用服務呢？
  - 當時的想法或心情
  - 從何得知支援 Merpay 行動支付服務的店家？

日誌研究

這是 Merpay 有史以來第一次進行日誌研究，所以我一邊摸索研究內容的設計，一邊進行研究。首先，我試著寫下想透過日誌研究確認的事項。

- **1 個月內的開銷花費**
  - 收入
  - 支出
- **日常消費**
  - 購入物品
  - 時間
  - 購入場所
  - 支付方式
  - 想法與心情

根據這些內容，我們發現日誌研究需要採取兩種格式，一種用來記錄一個月的行為，另一種格式用來詳細記錄每天的購物內容。然後，我們開始煩惱應該採用什麼樣的格式來請受訪者填寫。在網路上先調查了一下日誌研究通常採用什麼形式進行，結果發現，除了寫在紙上的典型方法以外，還有利用 LINE 訊息功能，以及由調查公司所提供的專用記錄軟體等等。因此，我們試著找出符合實際需求的格式，並整理出各自的優缺點。

首先，以記錄在紙上的方式來說，顧客可以輕鬆附上消費明細或發票。只要為受訪者準備能夠黏貼發票的紙張就可以了。另一方面，在至今為止的 UX 研究中，經常聽到受訪者表示「總是很難堅持紀錄紙本的家庭開支簿」，也許有些人會因為填寫麻煩而半途放棄。另外，考慮到分析步驟，整理紙張所紀錄的內容也相當費時費力。另外，記錄在紙上也存在無法靈活更新、更改紀錄內容的缺點。

另一種形式是 LINE，這是顧客們相當熟悉的通訊軟體，雖然要請他們額外拍攝發票明細，但記錄起來還算輕鬆。其缺點是，有些客人可能不見得願意提供個人的 LINE 帳號。此外，統整 LINE 上的記錄內容同樣不容易。其他顧慮也包括，我們是否應該對每天的記錄做出回覆，如果受訪者有疑問的話是否能及時應對等等。由於我們公司內部平時不使用 LINE，所以在顧客帳號的資料處理及運用規範方面，也需要請 IT 團隊協助安全檢查，部署起來也需要時間，這是其中一大障礙。雖然我們也討論過是否應該運用專用記錄軟體，但是在新增問題項目和發票附件等方面的自由度較低，也需要客戶熟練使用該工具才行。經過多方比較，我們最終選擇採用紙本紀錄的形式。

	客人		我們	
	優點	缺點	優點	缺點
紙本	● 方便黏貼購物明細或發票	● 書寫文字較為麻煩	無	● 不便統整紀錄 ● 無法中途變更書寫格式
LINE	● 習慣使用 ● 可拍攝發票明細，紀錄起來很方便	● 受訪者不見得願意告知LINE帳號	無	● 不便統整紀錄 ● 也許需要回覆訊息 ● 需要公司IT團隊協助資安檢查
專用紀錄軟體	無	不習慣使用	方便統整紀錄內容	自由度較低

接下來是日誌研究的內容。首先，為了探究受訪者在一個月內的開銷花費，我們準備了日曆形式的紀錄紙，讓受訪者更容易根據印象，寫下具體花費等等。

12 December 2019

SUN	MON	TUE	WED	THU	FRI	SAT
1	2	3	4	5	6	7
8	9	10	11	12	13	14
15	16	17	18	19	20	21
22	23 在 APP 上確認信用卡的消費金額	24	25 發薪日	26 VISA卡扣款日	27 EPOS卡扣款日	28
29	30	31 到便利超商支付電費	1	2	3	4

至於每天的購物記錄，我們製作了一份包含時間、消費內容、支付地點、金額、支付方式及想法這 6 個項目的表格。此外還加上了備註欄，幫助受訪者更容易回想當日情景。

12月16日（一） ｜ （請以一句話描述這一天）下班後，參加了團隊的年終聚餐。

	時間	消費內容	支付地點	金額	支付方式	想法
1	9:00	早餐的御飯糰和飲料	六本木的全家超商	250	Suica	時間很趕，所以用手機上的 Suica 快速結帳。
2	12:30	午餐	有樂町的松屋	450	Merpay	在客戶公司附近的松屋看到店門口貼了 Merpay 的貼紙，心想「原來這裡也可以用啊」就走進去用餐。
3	14:00	咖啡	六本木的星巴克	450	星巴克會員卡＋現金	不知道會員卡裡還剩多少錢，不足的餘額用現金支付了。
4	20:00	聚餐費	涉谷的土間土間	4000	用 OOPay 轉帳	把聚餐費轉帳給朋友。
5						
6						
7						
8						
9						
10						

訪問調查

在訪問調查中，我們沒有特別設計鉅細彌遺的問題，只把需要注意的地方和一定要問的問題整理成一份大綱。

訪談大綱例

- **事前準備**
  - 事先去洗手間
  - 自行準備水或飲料
    - 委婉告知有自行準備飲料，不需要麻煩受訪者準備茶水
  - 盡可能向受訪者告知預計還有多久抵達
- **開場（5 分）**
  - 再次感謝協助受訪

- 説明本次訪問流程
- 獲得拍攝許可
- 徵求同意，一同前往購物
- 這 1 個月內的生活變化

- **確認日誌研究的內容（40 分）**
  - 確認 1 個月內的開銷情形
  - 確認日常的購物紀錄
    - 在哪些店家消費
    - 選擇特定支付方式的理由
    - 在什麼情況下使用 Merpay

- **管理金錢的方法（20 分）**
  - 請受訪者具體展示金錢管理方式
  - 如何管理 Merpay

- **陪同購物（20 分）**
  - 共同前往日誌研究中出現過的店家
  - 在選擇商品時會注意哪些地方
  - 對折扣品的認知
  - 觀察結帳時的行為

- **致謝（5 分）**
  - 關於謝禮的說明

請受訪者展示平時記帳用的家庭收支簿，陪同前往他們經常去的商店，在發薪日左右拜訪，請受訪者向我們展示他們如何將薪水分到多個銀行帳戶，更全面地瞭解顧客的行為與生活方式。另外，在回程時，我們也順道對日誌研究中出現的店鋪進行了田野調查，以更貼近受訪者的方式近距離體驗到了許多東西。

在深度訪談的受訪者回答內容中，令我們感到最為震驚的一點是，在頻繁使用「メルペイスマート払い」功能的顧客中，很多人其實不清楚此服務的具體內容。「因為看到推廣訊息才開始使用的，但是，『メルペイスマート払い』究竟是什麼意思呢？」、「搞不清楚怎麼支付消費額度」等等，我們察覺到使用者對於服務的不安感，因此立即考慮相應對策並加以實施。儘管對服務只能算是一知半解，但客人們確實感覺到了「メルペイスマート払い」功能所具備的某些便利性。例如，訪談者表示在看到消費稅調高的相關新聞後，得知日本正在推行非現金回饋的商業模式，發現 Merpay 也有參與回饋活動，所以試著使用看看。因為用起來相當方便，比起其他支付方式，更願意優先使用 Merpay。

我們試著從受訪者的個人生活經驗，不單單只探究「メルペイスマート払い」經過品牌再造後帶給使用者的感受及變化，而是更全面地捕捉到了消費稅調漲、非現金回饋等市場環境的趨勢變化，進而發現了人們確實感受到服務的價值，願意在推廣活動結束後持續使用。也許這聽起來似乎理所當然，但 UX 研究的價值正體現於，為所有相關人員提供親身體驗、親眼看見的機會，進而凝聚共識。

以消費稅調漲為契機，得知非現金回饋的推廣活動，而 Merpay 也有參與其中。

從電視廣告中得知「メルペイスマート払い」的回饋活動，開始試著使用。

因為用起來很方便，比起其他支付方式，更願意使用 Merpay

另外在訪問調查活動中，陪同受訪者去購物時，實際前往店家進行田野調查所留下的紀錄也發揮極大功用。例如，有個受訪者表示，因為他知道某連鎖速食店可以使用 Merpay 付款，所以經常光顧。在我們結束訪問調查時，也順道考察了那家速食店。於是，我們發現不久前新做好的宣傳物正巧被放在了顯眼的位置。我們從顧客的

角度觀察到宣傳物如何映入眼簾，並將這些洞察分享給了銷售團隊和負責製作宣傳物的設計師，為改善宣傳物種類和設置場所提供靈感。

在實施日誌研究和訪問調查之後，我們運用 KJ 法進行分析，為顧客的決策過程賦予架構。我們所發現的洞察，與其說是為了短期內的服務改善，不如說是為長期專案和日後企劃提供更多靈感構想。

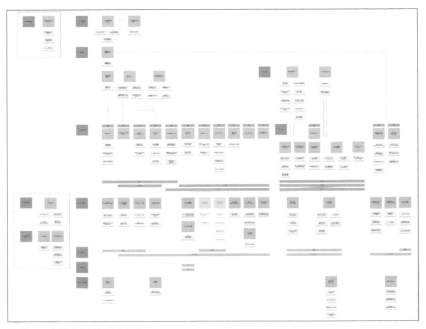

運用 KJ 法的分析結果（例）

增加同伴的方法

在實施 maruhadaka PJ 各項研究專案的過程中，我們與負責各式各樣職務的人一起，攜手致力 UX 研究。由於相關人員對於研究的期待和參與方式也各有不同，在啟動會議和總結會議時，我們會盡可能向更多的相關人員仔細說明與交談。首先在啟動會議上，我們以研究計畫書為中心，和與會人士一同確認研究主題與目標，並在會

議當下決定包含任務分配在內的實施細節。至於總結會議則為時約1小時，根據以下流程進行：

1. 回顧（10 分）
快速回顧各受訪者的訪談內容，請與會人員在便條紙上寫下 5 個印象深刻的片段

2. 下載（30 分）
互相分享這些寫下的內容，如同將資料「下載」到腦中一樣，加深對使用者的認識。

3. 決定主題（20 分）
討論這些片段的共通點，或是想要更進一步探究的主題。

如此一來，即使參與會議的人們很難一下子讀完所有深度訪談內容，也能夠大致掌握不同受訪者的特徵、差異、相似之處等。最後討論出來的主題，則交由 UX 研究員進行後續分析，擇日分享結果。

總結會議

打造架構的方式

在實施 maruhadaka PJ 活動時，為了讓資料分析工作更加順暢，每次都會委託外部合作夥伴在訪談時協助速記。在訪談結束後，一邊聽著錄音檔一邊紀錄，可以更察覺到受訪者的發言內容和自己可以改善的地方等等。但是，謄寫訪談紀錄非常耗時費力，假如是 1 小

時的深度訪談，謄寫起來至少需要 2～3 個小時。考慮到時間成本，如果委託速記員協助記錄的話，在訪談結束的瞬間就能得到謄寫好的訪談紀錄，可以著手進行分析。

以 maruhadaka PJ 的情況來說，我們每次都會委託同一位速記員，進而確保穩定的成果產出，還可以省去重新說明行業用語和服務用語的麻煩，進而更有效率地推行研究調查。像這樣子與值得信賴的第三方夥伴建立關係，也是打造高效架構的重要方式。

案例 3：轉帳・收款

接下來是一個關於「轉帳・收款」服務的案例，這是一個從新創競賽脫穎而出的提案，我們想在此介紹從最初提案到正式發布的過程中實施過的 UX 研究。

案例簡介

從為了參加新創競賽而進行的策略構想，到設計服務的具體細節，再到擬定行銷計畫，這是一個涉及多元要素的專案。

1. 策略構想	在新創競賽中向管理層提案 決定產品規劃藍圖中優先度最高的專案
2. 服務設計	從服務元素到視覺設計 與 PM 和設計師合作，持續打磨細節
3. 行銷計畫	擬定促銷或推廣活動 一面改善服務，一面與行銷團隊合作

狀況理解

在公司內部已經對轉帳服務進行過數次討論，PM 透過使用者訪談和概念測試等 UX 研究，驗證了關於此服務的構想。但是，當時在產品規劃藍圖 [*2] 上的優先度並不靠前，仍處於備選範圍。在當時，我們組織了一個包含 UX 研究員在內的隊伍，參加公司內部的新創事業競賽，而這個轉帳服務的提案終於獲得注意。

*2 指服務的開發計畫、工程表。

研究設計

當時的我們並沒有提前意識到，這個專案可被劃分為策略構想、服務細節和行銷計畫這 3 個階段，而是自然而然地隨著專案的發展，根據業務需求，與相關人員共同打造了 UX 研究。

UX 研究的準備、實施與分析

以下按時間順序介紹我們在各個階段如何進行 UX 研究。

1. 策略構想

整合過去的調查資料

首先為了理解情況，先從統整過去的研究資料開始，按論點一一整理。多虧了長久以往累積的豐富資料，我們無需為了此專案從頭開展調查，可以立即運用概念測試的成果，進行策略構想。

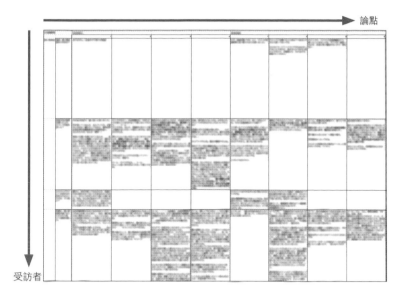

将過去的研究資料以受訪者和論點兩個分類進行統整

概念測試

以過去的調查資料作為參考依據，團隊針對轉帳服務的內容構想進行了多次的概念測試。

我們之所以選擇概念測試作為研究方法，是出於應用的考量。目的是將測試結果運用到新創事業競賽的提案內容。為此，我們認為在這個時間點，不需要使用到可用性測試這種更強調詳細驗證服務元素的方法。相比之下，這時我們首先需要描繪出大方向策略，也就是假想目標客群是什麼樣子的顧客、什麼樣的轉帳服務及功能能夠吸引他們等等。因此，我認為利用概念測試，一面呈現服務的形象，同時探索多樣的使用情境，這種方式更符合此時需求。

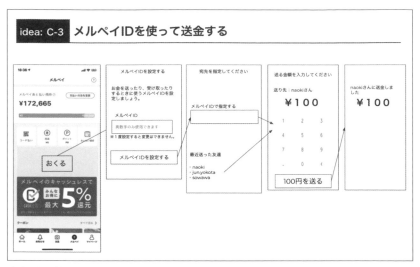

尚在點子構想階段的概念板

2. 服務設計

可用性測式

當「轉帳‧收款」服務通過新創業務競賽，被拍板成為正式專案後，我們在「Weekly UX研究」活動中，利用原型設計來驗證了從服務要素到視覺設計等內容。

在可用性測試時使用的原型圖

3. 行銷計畫

概念測試

我們以文字敘述推廣活動的概念主張，多方比較不同的文案，持續打磨出最終版本。

コンセプト1

「メルカリシェア／メルペイシェア キャンペーン」

売上金を身近なあのひとにシェアして、一緒にメルカリ／メルペイしよう！
2人とも最大1000ポイントもらえる！

- ○ メルカリの売上金を、メルカリアプリからメッセージカードと共に1円から家族・恋人・友人に送れます。
- ○ シェア相手がはじめてメルカリを使うと（メルカリアプリのダウンロードと登録が必要）、それぞれに500ポイントがプレゼントされます。
- ○ シェア相手がはじめてメルペイを使うと（本人確認が必要）、さらに500ポイントをそれぞれにプレゼントします

推廣活動的概念板

問卷

最後，我們還實施了問卷調查，參考問卷結果的量化資料分析，縮小目標客群範圍，也制定出廣告和宣傳活動中的使用情境。在服務正式發布後又再次進行了問卷調查，瞭解實際使用情況。

結果應用

1. 策略構想

對過去的調查資料進行疏理，我們發現了受訪者表示「本來就沒有轉帳的習慣」、「不知道對方是否也在使用 Merpay」這兩個課題。針對第一個課題，由於當時行動支付才剛開始普及化，而且轉帳服務還處於使用者較少的階段。因此，我們認為「讓顧客在第一次使用時感受到服務的便利性」是關鍵，因此為了提供良好體驗，在新創事業競賽提案時不單單提出了關於服務的構想，也一併提出了相關推廣活動的想法。

接下來，為了解決第二個課題，我們透過概念測試驗證了「收款對象即使不使用 Merpay 也可以透過其他方式收到款項」的流程。但是，我們並沒有得到預期的正面反應。無論是轉帳人或是收款人，都沒有「必須使用」Merpay 進行轉帳的強烈需求。雖然團隊為此感到困擾，但是在概念測試中我們同時探索了可能的使用情境，發現在家庭成員間轉帳（如家用金、零用錢）的反應很好。如果是向家人之間的帳戶進行轉帳，比起其他關係，更有機會知道對方是否也同樣使用 Merpay，因此「對方是否也使用 Merpay」這一課題本身就不會構成問題。於是，我們決定將家庭成員之間的轉帳活動作為主要的使用情境。

關於使用情境的概念板

2.服務設計

順應我們所構想的策略，在服務中設計了一個留言卡功能，讓使用者能夠在轉帳時順道寫下感謝的文字，提升整體使用體驗。雖然這個功能會增加服務的流量，但我們藉由持續進行可用性測試，最終實現了易用而流暢的使用者體驗。

3. 行銷計畫

我們將從概念測試獲得的學習洞察，反映在實際的推廣計畫中。

實際的推廣活動

另外，從問卷調查的量化結果來看，也證實了在家庭成員間進行轉帳的意願最高。於是，我們為廣告設計了在家人之間轉帳的劇情。

家庭成員利用「轉帳‧收款」服務轉移在 Mercari 上賺取的金額的廣告劇情

增加同伴的方法

1. 策略構想

在新創事業競賽中,我們組成一個以志同道合的成員為中心,擁有多元職務背景的團隊。以董事會幹部為首,集合了 PM、行銷專員、工程師以及 UX 研究員等成員。在職責分工方面,由 PM 和行銷專員主導業務內容的討論,PM 與 UX 研究員討論使用者經驗,而工程師則負責鑽研技術開發問題等等。

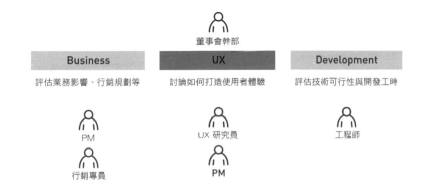

2. 服務設計

在服務設計階段,我們與 PM、設計師一起實施了可用性測試。

3. 行銷計畫

在設計服務細節的同時,我們也與 PM 及行銷專員一起進行了概念測試和問卷調查。但是,我們在這個階段遇到了很大的課題。UX研究小組被其他專案工作綁住,很難撥出足夠時間,同時實施概念測試和問卷調查。當我們為此感到為難的時候,PM 主動提出了「不如我們自己來做」的提議。這位 PM 曾經在別的專案中接觸過使用者訪談。因此,將概念測試交給 PM 和行銷專員這兩位成員負責,而 UX 研究員負責問卷調查。在這次專案經驗中,我感受到了增加具備 UX 研究能力的夥伴的重要性。

打造架構的方式

多虧了至今為止在知識管理方面所做的努力，讓人可以快速追溯、瀏覽過去的調查結果。此外，我們透過例行的「Weekly UX 研究」活動，進行概念測試和可用性測試，在快速進行假設驗證的同時，也避免了額外的人力與時間成本。

另外，過去舉辦 UX 研討會的經驗，以及曾經參與其他 UX 研究專案而有了更深一層認識的組織成員，都為組織提升了 UX 的核心素養。

案例 4：定額支付

「定額支付」是一個從零開始的專案，從發想全新的價值主張，到透過 UX 研究進行驗證，最後服務正式上線，我們在這個專案中廣泛應用了 UX 研究。

案例簡介

這個專案誕生自一個為顧客提供全新體驗的靈感：「我們是否可以利用 Merpay 的專屬信用機制，為使用者提供每月分期付款的服務呢？」

狀況理解

在這個專案成形之前，Merpay尚未提供可以讓顧客每月分期支付購買費用的服務。我們對於「哪些顧客對現有服務感到極大滿足」、「服務中哪些環節讓使用者體驗良好」這類問題的洞察與認識非常淺薄。

面臨這樣的狀況，早在確立價值主張之前，UX研究員就開始參與專案。但是，由於不確定專案前景尚未明朗，情況也可能瞬息萬變，即使預先打造UX研究流程也不見得完美適用。

因此，針對專案整體訂定研究方向時，我們決定抱持著「根據專案狀況變化，靈活實施UX研究，建立能夠迅速提供調查結果的機制」的想法進行。

研究設計

為了靈活應對專案情況，UX研究員盡可能參與與專案相關的所有討論。至於具體的研究設計，我們進行了深度訪談、將價值結構化、設計人物誌、籌辦研討會、概念測試、在「Weekly UX研究」活動中實施可用性測試等調查活動。我們並非一口氣完成上述所有活動，而是因時因地制宜，根據情況採取適用方法。接下來，我將簡單說明各個研究活動。

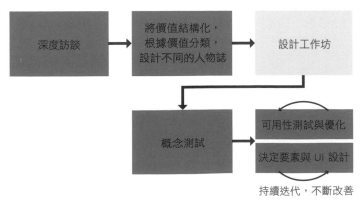

「定額支付」專案的UX研究流程與關係

UX 研究的準備、實施與分析

更深入理解顧客的深度訪談

如上所述,當時專案的相關人員對現有服務的體驗缺乏深刻認識。因此我們從選擇以「每月分期付款的服務會帶給人們什麼樣的體驗?」這個問題作為研究的切入點。我們想要採集探索式資料,所以選擇深度訪談作為研究方法,並且廣泛邀請有使用過相關服務的人們協助訪談,分享他們的使用經驗。另外,為了提升訪談品質,我們透過事前調查,邀請有過相關使用經驗的公司內部人員接受訪談,完善問題的完整性。

透過深度訪談,我們歸納出幾類體驗。即便是使用同一種服務,有人覺得體驗不佳,也有人獲得了良好體驗。此外,我們也更加瞭解了容易影響使用者體驗的狀況與因素。這些體驗類型有很多與相關人員最初的想像有所出入,而我們透過這次調查得到了更深層次且更廣泛的理解。

設計綜觀顧客群像的人物誌

透過前面的深度訪談,我們瞭解了不同的使用者體驗和每一類體驗背後的故事。接下來,我們對訪談資料進行分析,將數據結構化,進而提煉出受訪者發言中的字字珠璣。具體來說,我們擷取了所有發言片段,使用 KA 法探索這些內容隱含的價值,並試著描繪出價值之間的關係。這一次分析工作是由 PM、設計師、UX 研究員共同進行的成果。由此,我們可以綜觀各個價值之間的關係。

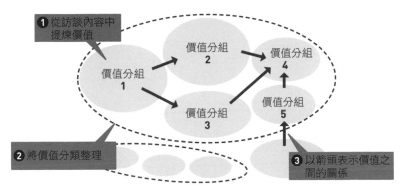

將「價值」整理成結構化資料

接著，我們一邊參考這些價值的結構化資料，以「價值感受」為主題製作一個顧客類型矩陣，設計出 4 種人物誌。我們利用矩陣圖整理出每一個人物誌所重視的價值，也整理了各人物誌之間的共通點與差異。我們與此專案涉及的所有利益相關者分享了這個顧客矩陣圖與人物誌，促進彼此對於專案內容的理解與共識。

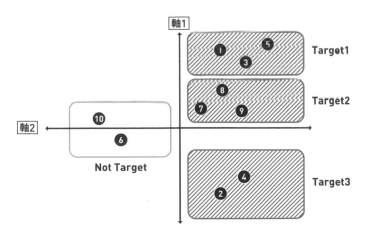

以「價值感受」為主題製作顧客矩陣圖，並對應到 4 種人物誌

舉行設計工作坊來確定概念測試的點子

在分析並總結了訪談結果後，接下來的目標是透過調查結果而得到的洞察與見解，回答「我們該實現什麼樣的點子才好？這又是為什麼？」的問題。在這個階段，UX 研究員參考「Design Sprint 衝刺計畫」[*3] 的機制，籌辦了一場設計工作坊。這場研討會為時 5 天，每 1 天的活動時間為 3 小時，參加者包含 PM、設計師、BD（商務開發）、工程師、UX 研究員等，以各自的專業領域及能力技術為出發點，發表各式各樣的意見，促進視角多元的討論。

*3：由 Google 提倡的工作法，在很短的週期內（如 5 個工作日）內，藉由設計、建立原型和邀請顧客實地測試構想等方式，迅速驗證價值主張的工作流程。

設計工作坊的流程大綱

設計工作坊的第一個環節，是以文字或圖像呈現專案相關人員的想法。當與會成員確實意識到從調查結果而得的顧客群像後，下一個環節是仔細探究現狀版的顧客旅程地圖（As-If），釐清現有服務帶給使用者的體驗好壞。

下一步是讓成員們分享想法，提出可行的構想。以這些構想為出發點集思廣益，討論我們應該採取哪些動作，讓顧客旅行地圖從「現狀」前往「理想」（To-Be）狀態。為了打造理想的使用者體驗，請成員透過文字或圖像呈現各個點子構想的潛在價值與可能性。

以打造理想的使用者體驗為討論基礎，將各個點子的功能與價值視覺化呈現

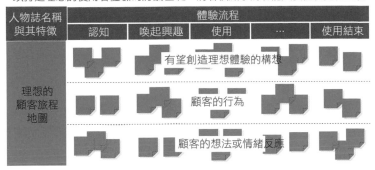

完成這樣的視覺化呈現練習之後，我們設定了對顧客來說具有價值，並且與服務的競爭力息息相關的指標，經過幾番篩選抉擇，最後選定了幾個構想。接著以這些構想為討論重點，在工作坊的剩餘時間內統整出顧客使用情境及手寫的 wireframe（線框稿）。

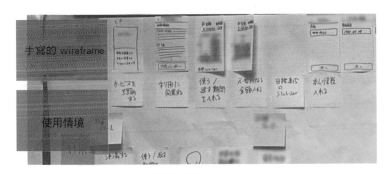

手寫而成的 wireframe

最後，在工作坊的尾聲，我們向管理高層分享簡報，說明顧客群像和總結而出的服務理念、線框稿、具體使用情境等等。透過簡報報告，獲得了來自商業角度及顧客角度應該注意哪些方面的意見回饋。與管理高層就資料內容進行討論，努力取得業務發展和滿足顧客需求的平衡點。當工作坊結束後，專案相關人員在推進工作時，也持續將這兩個面向列為重要參考指標。

工作坊後的概念測試

在正式的設計衝刺計畫中，工作坊期間還會規劃利用原型設計進行驗證的環節。但是，我們當時迫於時間壓力，決定另行安排時間實施原型驗證。在這個階段，我們最想要釐清的問題是：「能夠消除顧客的不安感，讓他們安心使用定額支付的功能，究竟長什麼樣子？」因此，在工作坊結束後，我們為服務介面的 UI 原型提供了簡單的說明文字，並以此進行概念測試。在概念測試中，向受訪者展示了這些 UI 原型和說明文字，驗證我們的概念構想是否能夠減輕使用服務時的疑慮，並找出了有待改善的地方。此外，我們也進行了深度訪談，藉此瞭解這些受訪者具有什麼樣的特徵。

概念 1：定額支付的預測功能
您可以提前知道定額支付模式的還款期數與總金額。
根據使用情況為您推薦適合的支付方案。

在當時的概念測試中，即使是非常簡單的圖示與文字，也讓我們收穫了豐富洞察。其中一項深刻的體會就是，在測試初期我們未必需要精緻而完整的 UI 才能驗證概念構想，只要使用適當的呈現方式進行探索，也能有所收穫。

確認服務必要元素的可用性測試與優化

透過概念測試找出服務應該加入哪些功能後，接下來我們與 PM、設計師和工程師等進行了不下數十次的來回討論，確認服務的必要元素與 UI 介面。在這個階段，我們想要研究的問題是：「如何讓人們認識、快速使用一個全新的功能？」具體的研究方法是透過可用性測試，持續迭代 UI 原型。

在這些可用性測試中，我們邀請的是有意願使用需要定額支付這類型服務的受訪者。我們使用「Weekly UX 研究」的固定時段，專門討論定額支付專案，由 UX 研究小組負責構思符合每階段需求的 UX 研究計畫，而實際的運用和調查實施則由 PM 負責。在這時的可用性測試中，我們從驗證主要功能的可用性開始，探索服務說明、申請、使用、結算、錯誤等各種 UI 畫面和場景帶給使用者的體驗，而協助參與測試的受訪者超過了 100 名。此外，在定額支付服務正式上線後，我們也持續進行可用性測試。

利用集訓活動打造更好的整體服務體驗

我們預計將「定額支付」服務納入 Merpay 的支付服務體系。當定額支付的服務概念愈加清晰明確，為了提升 Merpay 的整體服務體驗，需要為此進行討論。由 PM 和設計師為主導，我們舉辦了一場集訓，探討如何為 Merpay 使用者帶來更好的整體體驗。在這個集訓活動中，我們專注於討論「如何化繁為簡，讓顧客更容易理解整個服務」這個主題，共同集思廣益。

我們認為採取半天集訓的形式非常高效，從獲得必要資訊，到提出創意發想，最後產生決策，可確保人們保持極高的參與度與集中力。我們選擇在開闊的工作空間舉辦集訓討論會，創造出一個不論職務高低和職能內容，人人都能平等討論，自由表達想法的環境。

這場集訓的參與人員包含定額支付專案的設計師、負責 Merpay 主畫面的 PM、設計師以及 UX 研究員，以及兩位管理高層與和產品長（Chief Product Officer）。首先，我們與參與人員分享了至今為止的調查結果以及正在琢磨的概念構想，讓所有人對現況產生一定的共識。接著針對現有 UI 介面以及正在設計中的定額支付服務之 UI 介面進行討論，決定了需要對 UI 做出哪些修改，對於顧客來說具有什麼樣的價值或優點。延續這個討論主題，我們繼續探究當「メルペイスマート払い」導入定額支付服務後，如何確保服務的易用性，最後得出了類似積分卡的 UI 設計靈感。從後見之明來看，此時出現的點子使得 Merpay 服務的 UI 介面煥然一新。

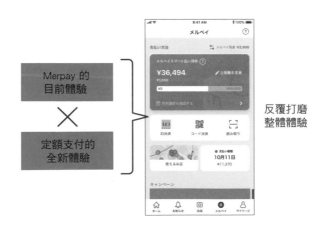

在這個討論集訓之前，團隊的討論主題都圍繞在定額支付這個新的服務構想上，但在集訓之後，除了定額支付專案的成員之外，我們還與更多的相關人員進行了多元討論。在與 PM、設計師、工程師的熱烈討論之下，一天天持續改進、完善服務的 UI 界面，經過整整一個月的討論，得出了最後的 UI 版本。

洞察與體會

對我們來說，這是一次很棒的專案工作體驗，每次進行 UX 研究時都獲益匪淺。在這裡，我先特別介紹幾個深度訪談的片段，這些故事對於定額支付的價值概念產生了關鍵影響。

在深度訪談中，我們聽到了現有的先享後付服務之於受訪者的美好體驗。例如，有一位受訪者表示，想趁大學畢業前準備進入職場的這段時間，到海外旅行增廣見聞。考量到時間有限，所以這位受訪者選擇使用先享後付服務，為自己省下寶貴時間，而不是先打工存好旅遊基金，在日後才找機會壯遊。另外，為了盡快提升技藝，早日成為專業人士，也有人以分期付款的方式購買價格不菲的樂器。這些受訪者認為先享後付服務為他們帶來很好的體驗。

另一方面，我們也透過深度訪談了解到其他心聲，例如有些受訪者會害怕陷入消費陷阱，或者為日後無力還款感到擔憂。此外，我們也聽到了一些受訪者表示實際體驗後，對先享後付服務感到失望或體驗不佳。

以受訪者所分享的不同體驗為討論基礎，我們想要探索「什麼樣的設計能夠使人們利用分期付款模式，為生活創造豐富的可能性，同時不至於使人陷入『過度消費』的陷阱？」這個問題。最後，我們將定額支付服務的價值定義為：「讓人們不再因為錢的問題而被迫放棄，而是獲得更寶貴的時間價值」。此外，在服務正式發布後，公司內部依然持續熱烈討論，為問題提供更好的解決方案。

結果應用

我們將深度訪談的調查結果帶到設計工作坊上，與參加人員深度探討「為什麼我們要推出分期付款的服務模式」的意義，並從顧客的立場出發，探究他們所重視的價值，以及如何與公司業務目標取得平衡點等重要的討論議題。此時我們所討論的內容承襲前述的服務理念，在日後各種決策與共識上發揮了極大的參考價值。

除了將 UX 研究結果應用於服務本身的開發設計工作，在 2019 年公司所舉行的 Merpay Conference 活動中，我們還以影片形式介紹了從深度訪談和設計工作坊誕生的服務理念，充分利用這些 UX 研究的價值。

在會議發表之後，我們持續進行服務的開發工作，終於在 2020 年 7 月正式發布「定額支付」功能。在這個版本中，我們實現了此前構思的概念，例如定額支付的說明圖示、還款期數的預測功能。透過這些 UI 設計，顧客可以清楚了解到使用定額支付服務的程度，如每期需要支付的金額及利息。

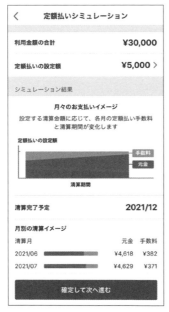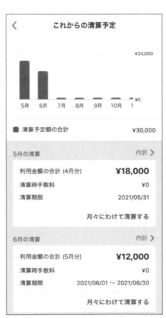

定額支付的說明圖示與還款期數的預測功能

在定額支付專案中，我們透過 UX 研究得到許多洞察，仔細定義服務的核心概念，並以該概念為基礎開發服務。此外，為了讓服務變得更方便、更直覺、更好用，在功能正式上線後也持續進行 UX 研究，為每一次的版本更新提供更多洞察。

增加同伴的方法

UX 研究員從專案草擬初期就開始參與，與負責此專案的 PM 保持密切交流。這位 PM 預見了 UX 研究能為專案帶來重要影響，因此在專案初期就與我討論實施 UX 研究的可能性。UX 研究員從旁提供協助，支援調查與分析工作，以及規劃設計工作坊並擔任引導者的角色。在設計工作坊的活動中，多虧了 PM、設計師、工程師、BD 等各方人士的通力合作，激盪出多元而豐富的想法。

關於吸引人們參與這方面，我的其中一項體會是，要盡可能傳達參與活動的意義。例如，在舉辦設計工作坊時，可以用這種說法向相關人員遞出邀請：「就讓我們以設計工作坊的形式，在短時間內凝聚彼此對於目標客群與服務價值的共識。」在工作坊的開場階段，我們也安排了一個時段，讓參與者各自分享對於專案的想法，並且認真參考眾人的看法，為後續活動建立討論基礎。同時，我們盡可能控制活動時間，確保工作坊的參與品質。礙於時間而無法討論到的部分，則由 UX 研究員整理討論內容，在下一次工作坊之前提供整理好的資訊。此外，我們也努力統整資訊，讓中途參加的人們也能快速進入狀況。像這樣，我希望讓相關人員感受到參加的意義，並致力打造出任何人都能輕鬆參與的環境氛圍。

其他吸引人們參與的例子還包括，在概念測試階段決定服務要素和設計的時候。此時，PM 和設計師進行了非常活躍的討論，UX 研究員進而提議定期實施可用性測試和優化的作法。透過及時將測試結果回饋給 PM 和設計師，從顧客的角度去檢視、調整服務，更加貼近使用者需求。

Merpay 培養了一種為了打造優質服務，PM 和設計師會進行密切交流、積極協作的文化。在這樣的氛圍之下，UX 研究員也積極參與各項討論，善用各式各樣的 UX 研究，創造出人們能夠自由表達多元意見的環境。

打造架構的方式

在本次專案中，首先進行的是深度訪談，初步瞭解顧客使用意願、需求及顧慮。在確認服務要素的階段，我們借助「Weekly UX 研究」體制，由 PM 負責主持定期的 UX 研究活動，提升組織與工作效率。不過，由於本專案是根據每個階段需求靈活設計不同的 UX 研究，從整體上來說，這個專案不見得是一個廣泛適用的系統化案例。

注意事項

在這個案例分享中，UX 研究活動看起來並不是按照事前規劃，有條不紊進行著。在專案的推進過程中，其實有很多時刻，我們必須根據當時情況重新調整、重新設計。此外，我們還遇到了另一項挑戰，那就是在服務發布時，實際功能無法確實呈現我們預期的概念，而無法實現概念的原因包含「想盡快讓服務上線」、「功能開發比想象中困難」等等，使得顧客的使用體驗不佳。另外，在功能開發的技術可行性和複雜度方面，為公司的工程師及相關人員帶來了很大的負擔。

根據上述經驗，從業務與技術層面來看，「打造優秀使用者體驗」這個目標，有時並不是一件具有高效生產力的事。因此，<u>在探索顧客需求、商業發展以及技術開發這三者之間取得平衡，持續完善服務是非常重要的</u>。就算我們能描繪出絕無僅有的完美顧客體驗，但如果無法顧及業務目標及技術可行性，一切只會淪為紙上談兵。在定額支付這個專案中，我們利用服務正式發布時所得到的洞察，致力於在這三者之間取得平衡，持續進行服務的開發與改進。

案例 5：「初始設定」的流程

當我們定期進行 UX 研究，會發現每一次 UX 研究的共通點，例如向受訪者詢問類似的問題，或是驗證相似的概念主張。將這些研究資料放在一起，透過綜觀式分析，經常能夠收穫新的洞察與見解。接下來，我想介紹「iD 的初始設定流程」這個專案，從全貌挖掘使用者經驗，綜觀瀏覽資料並進行分析。

狀況理解

當 Merpay 支付服務發布時，擁有一個其他行動支付服務所沒有的功能與體驗，那就是「iD 的初始設定流程」。相較於掃描 QR 碼就能支付的一般付款方式，Merpay 的 iD 設定需要更多步驟，如果不能讓使用者完成設定，就難以令他們感受到此功能的便利性。因此，我們的首要目標是讓初始設定流程越簡單直覺、越易懂越好。於是我們提出了「在初始設定流程的哪一環節或步驟中，有可能令使用者感到不安呢？」這個問題。不過，在當時，UX 研究員還有其他研究工作，沒辦法將所有工作時間投入這個專案。

研究設計

由於時間有限，很難從零開始進行調查，獲得第一手資料。因此，我們選擇綜觀並分析至今為止累積下來的質性資料。再加上當時 Merpay 服務正好上線，因此我們可以透過量化資料，也就是真實的使用者日誌資料（user log），能夠瞭解顧客在設定流程的哪一個步驟停下。為了參考這些量化資料，我們決定分析過去累積下來的質性資料。首先，我們選擇了初始設定流程的可用性測試中以速記記錄的受訪者發言，將這些文本以句子為單位進行分割，增加相關標籤，提取出使用者感到不安的部分，然後將這些因素與初始設

定流程的各環節進行比對與分類。最後，我們畫出一張以不安因素為縱軸，以初始設定流程的步驟為橫軸，利用視覺化圖表呈現使用者可能在流程的哪一步驟感到不安及其對後續流程的影響。

結果應用

根據圖表，我們現在可以同時綜觀多種資料，例如在哪個時間點有多少人放棄完成設定的量化資料，以及使用者在哪個時間點會感到不安的質性資料。

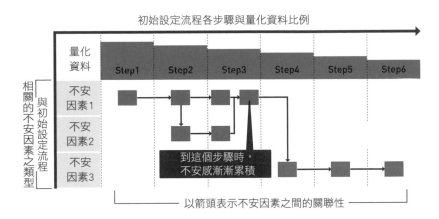

視覺化圖表幫助相關人員在討論對策時，能夠同時參考量化資料與質性資料。其中我們觀察到，在量化資料中發現有問題的特定步驟之前，顧客早已開始感到不安，也暗示了進入下一個步驟時，使用者的不安感都在持續累積。這些來自資料的重要洞察，讓我們拍板決定「在完成初始設定的過程中，盡可能不讓使用者的不安感持續累積」的改善方針。

增加同伴的方法

資料分析師首先對初始設定流程進行量化分析，首先開啟專案討論。配合對照質性資料的分析結果，UX 研究員也順利加入專案的

討論，最後，在與 PM 和設計師的共同合作之下，使得專案成功進展。

打造架構的方式

如果要進行這樣子的綜觀式分析，那麼必須確實為研究調查留下記錄。例如，在「Weekly UX 研究」中，除了摘要報告之外，還會將完整的發言內容透過速記原原本本地記錄下來。這樣一來，這些速記紀錄就能直接作為分析用的質性資料。另外，我們還研究了如何保存初始設定流程的分析過程和分析結果。為了方便內部人員存取參照，我們使用 Google 試算表來呈現分析過程，並使用 Google 簡報呈現分析結果，並且依循組織內部的標準規範與習慣，讓人們更容易閱覽和引用分析結果。

如果保留資料的方式不夠充分完整，那麼很難執行綜觀式分析。比方說，假如每次討論後只留下幾筆潦草簡單的關鍵字或句子，那麼過了一段時間回頭來看，也很難揣摩當時發言人的意圖或想法。另外，即便是至關重要的關鍵發言，難免也可能有所遺漏。在撰寫報告時也要當心，因為報告會根據目的與對象對資訊進行取捨。如果在進行質性分析時，將摘要報告視為唯一資料進行分析，很可能發生資料遺漏或錯誤解讀的狀況。儘管如此，在實施 UX 研究時，有時很難將受訪者發言原原本本地記錄下來。在這種時候，你可以選擇拍攝影片，附上調查日期和概要簡介。為了能在日後持續參照第一手資料，現在在記錄時稍微多花一點功夫吧，這是為未來準備的一份大禮。

注意事項

這種對多次 UX 研究的資料進行綜觀分析的方法，不見得適用所有資料。如果每次調查所呈現的原型和概念發生了很大變化，或者調查時間點的情勢出現極大差異，這種時候，就不應該使用資料照本

宣科。例如，新型冠狀病毒疫情流行前和流行後，整個世界、社會及經濟局勢都發生了前所未見的變化，過去的常識不再通用於現在，當然也有些資料無法再用於分析。在時刻意識到調查內容自身的變化，以及社會情勢及市場風向變化的同時，認真判斷能否將過去積累的資料用於當下分析的態度及觀念非常重要。

案例 6：Weekly UX 研究

這是一個為組織打造 UX 研究機制的案例，透過每週或隔週定期舉辦 UX 研究活動的工作框架，靈活應對各式 UX 研究專案的調查與分析需求。

案例簡介

我們將研究日固定在某一個工作天，根據各項研究專案需求，輪流或搭配使用者訪談、概念測試、可用性測試等調查。Merpay 將星期三定為「Weekly UX 研究日」。出現「想實施 UX 研究」的念頭後，還要徵集受訪者，而從念頭到徵求到適合的受訪者，經常出現幾天甚至數週的時間差。如果能像這樣為組織及團隊設計好一個固定實施的工作框架與調查時段，就可以不被放慢節奏，照著工作規劃實施。

這樣的工作框架也很適合 Sprint 衝刺和 Scrum 開發工作法。雖然最近我們改採遠距方式實施（請參照後文〈遠距 UX 研究〉內容），頻率也從每週改為隔週實施，但這樣的工作框架可以說是打造 Merpay UX 研究文化的核心機制。

在 Merpay，從服務開發的初期，PM 就以每週一次的頻率持續進行 UX 研究。當 UX 研究員加入團隊後，從 PM 手中接過這項任務，並且更加優化這個機制。

在開創一項全新的服務時，我們必須從沒有使用者日誌等量化資料的情況開始。我認為這是一個適合塑造 UX 研究文化的階段，藉由持續累積質性資料，包括使用者訪談內容和可用性測試結果，作為決策的參考依據。

在研究架構方面，我們只設定了要在一天之內進行 4 場為時 90 分鐘的 UX 研究，而調查方式或研究內容則是情況需求靈活調整。我們經常在 UX 研究日的前半段時間實施深度訪談，後半段時間用於實施概念測試或可用性測試。

一週之內的工作安排如下所示：

- 週一　決定受訪者。與 PM 或設計師做協調會議，敲定調查流程或想要驗證的內容

- 週二　向相關人士取得用於調查的原型，設計調查內容

- 週三　實施調查。PM 或設計師透過畫面轉播觀察受訪者。

- 週四　撰寫摘要報告，分享調查結果。募集下週預計實施的案件，決定受訪者的募集條件

- 週五　與受訪者協調受訪時段。

透過每周固定舉行的 UX 研究活動，我們得以對服務細節進行反覆驗證，例如根據本週調查結果調整設計，再於下週驗證變更後的內容。

	週一	週二	週三	週四	週五
UX 研究員	決定受訪者	設計 調查	實施 調查	● 撰寫報告 ● 分享調查結果 ● 募集下週調查案件 ● 選定下週受訪者的 　募集條件	協調受訪 時段
設計師	● 製作原型 ● 分享調查活動 　的觀察重點	分享 原型	觀察	改善原型	

應用架構

接下來,我想介紹一下一個能在 APP 上輕鬆確認本人身分的獨特功能,我們充分利用了「Weekly UX 研究」機制進行研究與開發。這是我們在第 3 章中提到過的「eKYC」功能,只要用智慧型手機拍攝駕照或身分證等文件,就能輕鬆確認本人身分。

在開發 eKYC 功能的三個階段中,皆充分利用了 UX 研究,以下依序介紹。

發布前	發布後	全面更新
● 以原型或在開發環境中驗證功能	● 在正式環境中持續檢驗功能 ● 支援以保險卡或護照確認身分	● 重新評估使用流程,全面提升使用者體驗

發布前

日本政府在 2018 年 11 月修訂相關法律,允許企業商家推出 eKYC 功能(線上身分認證),Merpay 也開始討論在服務中加入 eKYC 功能,由於這是日本國內前所未見的功能,能夠參考的資料或案例不多。一個前所未見的功能,這意味著對顧客來說,也是一場前所未見的初體驗。因此,我們利用「Weekly UX 研究」機制,在 14 週內連續進行 60 次可用性測試,不斷進行迭代與驗證。光從數量來看,也許會讓人覺得這是一場費時費力的浩大工程,但每次測試大概只用了 15 分鐘。

開始討論　　　以原型開始　　在開發環境中
eKYC　　　　　驗證功能　　　　驗證功能　　　功能發布

2018年11月　　2019年1月　　　3月　　4月

當然,坊間也存在確認本人身分的線上服務,一般做法是要求使用者上傳身分證明文件的正反面。而我們的 eKYC 功能,帶給使用者截然不同的體驗,我們會邀請使用者同時拍攝身分證明文件與自己的臉。假設我們的目標客群從來沒有過這樣的體驗,那麼他們想必會因為「原來也要拍攝自己的臉」而感到驚奇。這是一個相當取決於實際操作感受的功能,一直使用原型驗證也有所局限,因此我們之後選擇利用開發環境進行驗證。

剛開始調查時，任務的完成率非常低，幾乎所有受訪者都無法順利完成操作。由於使用體驗過於不佳，甚至受訪者明顯為此感到煩躁。但是，經過持續不斷的驗證和改進，在功能即將發布之前的一週，終於令所有人都能順利完成任務。這個經驗也讓整個團隊感受到了「這一定行得通！」的自信。

發布後

為了在功能發布後瞭解實際使用情況，我們在生產環境中連續 6 週實施了 24 次可用性測試。另外，eKYC 功能從一開始只能支援駕照，但後來也能支援以保險卡和護照等文件進行身分確認。那時我們也在不放慢工作進度的情況下，進行了為期 14 周，總計 56 次的原型驗證。

在新增和改進這些功能時，因為我們需要聆聽使用者的體驗感受，如果沒有「Weekly UX 研究」這樣的機制，也得從零開始著手相關調查。這樣一來，工作量突然增加，而成本效益不見得合乎現實條件，很可能使調查不了了之，讓我們無從瞭解使用者的想法，就直接推出功能。

當然，釐清調查需求的必要性與否也很重要，但是多虧了例行的「Weekly UX 研究」機制，因此能用比較輕鬆，像是「順便試試看吧」的心情實施測試。

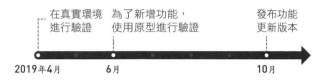

全面更新

我們參考了目前為止的 UX 研究中不斷積累且變得更加明確的課題，重新審視整體使用流程，討論如何打造更流暢的使用者體驗。這時，我們也執行了為期 8 週，總共 32 次的驗證測試，最終，發布了全面更新版本。

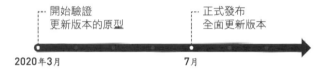

增加同伴的方法

Merpay 每週會舉行一次全體員工參加的例會。為了提高人們對於 UX 研究的認識，利用這個場合，分享「Weekly UX 研究」的架構方式及工作案例，並展示紀錄了客戶實際使用服務的影片等等。一開始我們比較常與 PM、設計師合作，慢慢地，也開始與行銷、BD、與資料分析師等不同職位的同事互相交流。以「Weekly UX 研究」為契機，人們開始實際感受到其效果，在日後規劃各式專案時也經常找我們諮詢，可以說這個定期實施調查的「Weekly UX 研究」機制，發揮了推廣 UX 研究的絕佳作用。

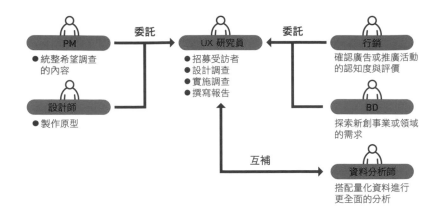

打造架構的方式

當 UX 研究小組接手後,「Weekly UX 研究」的體制分階段出現了以下變化。

Phase1:與市調公司合作

最初,我們委託第三方市調公司招募受訪者,盡量降低工作負擔。我們每個月會製作並提供一份篩選用調查問卷,由市調公司發送並蒐集問卷,並從填寫者名單中選定每週的受訪者,與他們協調日程,最後也由市調公司提供謝禮代為致謝。

Phase2:招募工作的內部化

到了第二階段,我們選擇將受訪者招募內部化。雖然這麼做能夠節省預算,但工作也隨之增加了,因此我們選擇聘請研究助理協助處理相關事宜。

Phase3:招募工作的跨組織化

我們在受訪者篩選用問卷中提出了一系列涵蓋多元面向的問題,以便在「Weekly UX 研究」之外的其他專案也有機會使用同一份受訪者清單,這樣一來,無需每一次都要重新設計招募問卷,進而近一步降低成本。

案例 7：遠距 UX 研究

遠距 UX 研究是指不同於實際的面對面採訪，而是在不同的兩地進行 UX 研究的方法。接下來我想介紹打造相關機制的案例。這個案例並沒有涉及特定的專案或服務，讀者們不妨將這個案例作為根據情況制定 UX 研究機制的方法來參考。

案例簡介

Merpay 原本是邀請受訪者到公司內部面對面進行 UX 研究。但是受到新冠肺炎的影響，公司開始實施遠距工作模式。為了因應此變化，我們設計了遠距工作也能實施 UX 研究的機制。為了確保這個機制運行順暢，我們調查了市面上的現有工具，並整理出準備工作與必要事項。

狀況理解

在面對面進行 UX 研究時，我們會事先在調查用設備（如智慧型手機等）上準備原型，請受訪者直接操作手機的同時，UX 研究員會在一旁觀察了操作情形，同時聆聽使用者的意見。因此大多數情況下，我們會將概念構思階段的 UI 作為原型進行調查。因為原型並不完整，也並非最終成品，UX 研究員需要協助受訪者，以手動的方式移動畫面，例如滑至下一頁等動作。此外，在受訪者一口氣完成操作後，如果這時我們想詳細詢問受訪者對於畫面某一處的感受或體驗，則需要 UX 研究員手動回到指定畫面並進行回顧。

這時，我們思考的是「在遠距模式下實施 UX 研究時，該怎麼做才能像面對面進行 UX 研究一樣？」的問題。另外，還探討了「有什麼是必須放棄的嗎？」、「遠距模式才有的優點有哪些？」等等不同角度。

研究設計

以剛剛的研究問題為核心，為了實現遠距 UX 研究，我們決定探索能夠令受訪者和 UX 研究在遠距模式下也能互相操作畫面的機制。

首先，我們調查了市面上的原型設計和網路會議工具 [*4]，研究這些工具能否利用原型工具所提供的共享功能。例如，只要共用 URL 連結，任何人都可以開啟原型進行操作。然而，經過一番調查，我們發現受訪者和 UX 研究員雙方很難同時互相操作。

> *4：Google Meet（https://meet.google.com）或 Zoom（https://zoom.us）

之後，我們想到了「遠端桌面」功能。這是允許使用者從一台電腦連線到另一台電腦並進行操作存取的功能。具體而言，我們發現如果使用 Google Remote Desktop，受訪者可以從自己的電腦連線到我們準備的調查用電腦，遠距操作調查用電腦上顯示的原型。此外，如果以 Google Meet 共享畫面，就能使用錄影功能紀錄受訪者的操作情形，我們還透過 Google Live Streaming 轉播畫面供其他成員觀察。另外，雖然 Zoom 也可以創造同樣的環境，但是我們最終選擇了 Google 的服務，因為公司本身即為 Google 企業用戶，可以降低部署和營運成本。

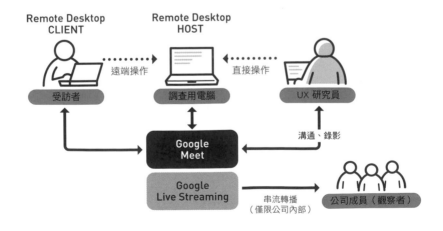

除此之外，我們還探討了這樣的遠端機制適合哪類調查研究。如果在調查用電腦上顯示原型，讓受訪者透過遠端桌面連線進行操作，則直接在同一台電腦上操作相比，由於影格率[*5]會降低，因此需要考慮畫面流暢性是否會影響使用體驗。經過一番討論，我們認為這樣的機制適合進行可用性測試，確認 UI 畫面上的資訊傳達程度。比方說，受訪者是否能夠理解畫面上所顯示的訊息，是否知道接下來該進行什麼樣的操作。也可以確認畫面或訊息內容是否令人感到不安，讓人想中途停止操作等等。我們還發現可以透過滑鼠游標的移動情形，確認受訪者的視線停留在畫面何處。另一方面，我們認為這個機制不適合驗證只能在智慧型手機上呈現的細緻操作體驗，例如動畫效果及操作流暢度等。

*5：影格率（frame rate）：指每秒顯示的影格數。幀率越高，畫面動作看起來越連續、流暢。

實施方法

首先，我們在調查用電腦上顯示原型。接著請受訪者從自己的電腦使用遠端桌面功能，連線到調查用電腦。這樣一來，受訪者和 UX 研究員都可以對調查用電腦進行操作，然後將按照預先設計好的步驟進行調查。

此外，還可以在調查用電腦上顯示智慧型手機的實際畫面。請受訪者一邊觀看畫面一邊以滑鼠游標指示操作，或者請他們以口頭說明如「我想滑動頁面」或是「我想點選此處」等等，然後由 UX 研究員代為操作，讓受訪者獲得如同本人自行操作的體驗。這種由我們代為操作的方法，在某種程度上，也適合用來調查 UI 畫面上訊息呈現的完整度。

在遠距實施 UX 研究的樣子

此機制的運用

我們公司內部持續利用這個遠距實施 UX 研究的機制。另外，我們也向公司其他組織分享，使得此機制在 UX 研究小組以外也得到廣泛利用。像這樣子，我們打造了一個易於使用的機制，增加更多人接觸 UX 研究的機會，還同時提升了工作效率。

遠距 UX 研究的優點

即使人們相隔兩地，不見面也能進行 UX 研究是最大的優點。而且，比起以往任何時候，我們還獲得了接觸更多來自不同地域的人們的機會。另外，因為受訪者不需要特意前往我們的公司，在遠距模式下有更多樣的人們協助調查，比方說在工作空檔中撥空參加的人，也有行動不便而此前無法參與的客人等等。因為過去的調查活動都是以面對面為前提，透過現行遠端模式，我更意識到與多樣的顧客互動的機會非常難得。另外，我們將調查過程在公司內部進行轉播，在不對受訪者增加壓力的情況下，增加更多相關人員輕鬆觀察調查情形的機會。

此外，在資源方面也有優點。例如，在遠端模式下，只要有一台電腦和網路連線就可以了，不需要額外準備 UX 研究專用的器材，也不需要為實施調查而預留會議室等調查場所。在面對面模式下，假如突然要進行一場 UX 研究，為了確保場地空間，也需要事先預約，花一些時間進行調整。在遠距實施的情況下，因為不需要留意這一點，所以能縮短調準備時間，甚至還能平行實施多個 UX 研究。

最後，當遠距工作變為日常後，我覺得同事之間的聊天交流的頻率，比面對面工作時少了很多。而透過遠距方式實施 UX 研究的場合，讓相關人員聚集在一起，觀察受訪者的操作情形，就是開啟工作話題的契機，也是為成員描繪出更加具體而明確的顧客形象的機會。也許正因為是遠距工作，我們更加珍惜能夠一邊觀察使用者行為，一邊進行交流的機會。

注意事項

與面對面的訪談或調查相比，實施遠距模式的 UX 研究時有幾點需要注意，我想在此介紹幾個具有代表性的重點。

首先，因為我們要在遠端桌面上顯示原型，此時影格率會比原本畫面低 5 到 10 FPS，通訊順暢度也取決於雙方的網路連線環境。另外，在電腦上顯示的智慧型手機畫面時，其操作手感也有所不同，無法完美呈現細緻的動作。因此，我們很難透過遠距 UX 研究，確認智慧型手機特有的流暢操作感受。此外，受訪者的影像也可能因為影格率、解析度和角度問題，無法完整紀錄或讀取其肢體語言和表情。或者也可能遇到受訪者不能開啟鏡頭的情況，這時只能將發言紀錄下來。

再者，與面對面模式相比，遠距模式能夠獲得的訊息量較少。主要原因是網路連線延遲，導致對話節奏變慢，重述或再次說明的次數增加。因此請預先做好調查用時比面對面模式還要多 1.3 ～ 1.5 倍的心理準備。其他可能出現的狀況還包括，系統出現故障或無法正常運行，需要重新開機或重啟連線等等。此外，受訪者的電腦設備或瀏覽器可能無法支援遠端桌面功能。比起面對面模式，在遠距模式下實施 UX 研究容易遇上這類情況，也更花時間。因此，在安排調查活動時預留充裕的時間是很重要的。另外，為了避免進展不順而不得不中斷調查，需要更細心地準備替代方案。

以上介紹的遠距 UX 研究的機制，適合用於檢驗原型 UI 畫面中的訊息完整度，邀請受訪者協助可用性測試。如果想要驗證其他概念或價值，也許規劃其他機制或方法會更好。比方說，這時我們想調查已經發布的 APP 帶給使用者的體驗感受。在這種情況下，最好先讓受訪者在智慧型手機上下載並使用該 APP，並請受訪者利用電腦鏡頭拍攝他們的操作畫面。另外，也可以事先寄送調查器材或設備給受訪者。雖然寄送和安裝手續需要時間，但根據受訪者的情況和研究目的，這些都是可以嘗試看看的可能方法。

如果設計出更加精確、完成度更高的原型，那麼不妨使用原型工具的共享功能，將 URL 連結共享給受訪者。如果受訪者能在自己的設備上直接進行操作，那麼更能觀察到細緻的操作體驗。但是，為了確保受訪者的使用體驗良好，請仔細確認是否此時做好的原型，是否能保證細微的操作和順暢的畫面遷移、共享權限設定和安全性是否得到保障等等。如果想進行使用者訪談或概念測試，只要使用線上會議工具的螢幕共享功能就足夠了，沒有必要建立更複雜的機制。

市面上提供了許多用於遠距交流的應用程式和服務，不妨多方嘗試比較，找出適合讀者工作需求的工具。

本章回顧

☐ 根據各種情境與需求設計研究內容，發揮 UX 研究的最大價值。

☐ UX 研究活動並不限於使用某種方法，而是可以根據需求，搭配多樣方法進行調查與分析。

☐ 有時計劃趕不上變化，因此需要適時調整，重新設計 UX 研究。

UX Researcher 的各種失誤

使用者訪談不順利

剛開始進行使用者訪談的時候，因為還不擅長開啟和延續話題，預定一個小時的訪談，經常在 20 分鐘內就草草結束，或者在訪談中途因為腦袋一片空白而語無倫次，或是因為緊張而肚子痛等等，這些都是家常便飯。透過一次次的實戰演練，重複聆聽錄音並加以改善，最後終於能順利地主持訪談與調查活動。

陷入一個人做全部事情的境地……

因為沒能成功地將相關人員帶進 UX 研究專案中，結果一個人獨自進行了幾十次使用者訪談，想著：「不應該是這樣的……」並感到非常心累。自那次經驗以後，我們利用啟動會議的場合來決定相關成員的任務分工。一個非常有效的方式是事先準備好使用者訪談的班次表，讓他們填寫可以參加調查的時間。

「那麼，我該做什麼呢？」

對於調查目的沒有達成共識，不知不覺地就開始了 UX 研究，當調查結束後，經常感受到：「瞭解到很多東西，這的確很有趣啦……那接下來我該做什麼呢？」的困惑。好不容易做了調查，卻不能有效利用這些洞察與體會，是一件非常可惜的事。為了避免這種境地，在設計 UX 研究的階段，從結果應用去回推該做些什麼工作的思考模式很重要。

淪為報告的傳聲筒

以前曾被團隊成員指出「希望（你）能根據 UX 研究發表更多意見」。以前的我只會傳達：「調查結果是這樣的」，而沒有更近一步表示：「根據調查結果，我們可以試著採取這些策略」，激發更多樣、更活躍的討論。另一方面，如果保持著「我想這樣做！」的想法，太過表現個人主觀意識的話，對結果的解釋可能

會產生偏差，我認為這是很難平衡的一點。現在，在分享調查結果時，我會將發言分成「事實、考察、提案」這三個面向分別傳達。

問卷設計的疏漏

問卷調查也有可能慘遭滑鐵盧。例如，回收問卷之後發現選擇「其他」的回答比想象還要多，這表示在設計問卷時沒有充分考慮回答選項。雖然這並不是完全不能使用的資料，但我得到的教訓是應該提升問題與選項的精確度。為了避免這類失敗，不能草草略過再三檢查問卷的動作。請多一點人幫忙檢查，減少問卷上的疏漏。另外，實施初步調查也是一個好辦法，邀請幾個人實際填寫問卷，驗證問卷上的內容是否能夠確實傳達給人們，進而找到改進之處。

調查被中途喊停

在籌備新創事業的專案中準備好問卷調查，終於可以邀請受訪者填寫了！結果在發送的前一刻被突然喊停，因為問卷內容可能存在洩漏新創事業情報的風險。這次的經驗讓我學習到，不僅要知道調查方法的優點，還要確實掌握其缺點侷限及潛在風險，在充分權衡的基礎上，再提出適合的調查方案。

錯估情勢！

沒想到分析使用者訪談內容所需的時間，比我所想要的還更花時間，結果耽擱到了後續探討服務的進度。為了避免這種失敗，在確認並掌握專案狀況時，也要意識到工作進度與行程的安排是否合理妥當。另外，不要把時間抓得太緊，而是盡可能以充裕的時間推進研究專案。

第 8 章
共享 UX 研究的實踐知識

如何互相交流學習？

當我們持續實踐 UX 研究，可以將累積的知識與經驗彙整起來，化為有形的文字紀錄。將這些參考資料與他人分享、討論，能夠更有效率地在 UX 研究領域中持續學習。本章將會介紹在組織內外各有哪些分享實踐知識的方法。

目標階段	1	2	3	4	5
本章可幫助讀者	瞭解彙整UX研究的實踐知識 與人們共同提升技能與心態				

在組織中共享 UX 研究的知識經驗

當我們持續致力於實踐 UX 研究，可以一點一點累積關於 UX 研究的實戰經驗，而這時的知識經驗大多只存在於個人腦中，因此我們需要有意識地定期向周圍分享學習到的知識經驗。本節將介紹幾種方法，包括「互相觀察彼此的活動」、「在日常業務中互相評論」、「利用 KPT 創造回顧的機會」、「舉辦技能盤點工作坊」、「打造能與導師商量的環境」等等。

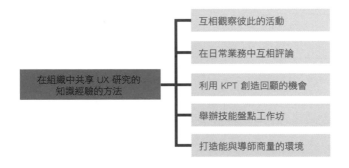

互相觀察彼此的活動

觀察別人如何設計研究、如何實施調查，以及如何整理調查結果，也是分享實踐知識的一種形式。盡可能有意識地公開 UX 研究本身的流程和各種資料，方便人們輕鬆存取參考，製造出更多觀察的機會。

在日常業務中互相評論

互相評論對方的實踐方法，也對知識經驗的共享很有效果。如果你的周圍有願意給予評論的人，請積極地爭取評價的機會。透過別人的眼中，也許可以找到自己之前未曾有過的新鮮觀點。另外，藉由

互相評價與討論，人們可以分享彼此所做的工作內容，使用了哪些方法和工具等等。除了當下的評論之外，可能的話，我會建議將這個評價過程作為記錄保留下來。例如，將前面提到的研究計畫書（請參考第 3 章的專欄分享）與人們的評語一起記錄保存，方便日後回顧當時的情況、設計意圖和限制條件等脈絡。此外，我們還可以利用這些資料，看出人們是從什麼觀點或視角評論研究活動，這樣一來，也更有助於日後要查找相關資訊的人們多加參考。

利用 KPT 創造回顧的機會

在組織中回顧 KPT 也是一種有效方法。所謂的 KPT，是從「Keep：做得好的地方，今後也要持續實踐」、「Problem：做不好的地方，今後最好改善的事情」以及「Try：加速 Keep、解決 Problem 的具體措施」這三個角度去做工作回顧。比起聆聽評論，這種方式可以觸及更大範圍的回顧內容和實踐知識的共享。當然一個人也可以運用 KPT 框架進行工作回顧，但如果可能的話，強烈建議與開展 UX 研究的夥伴或參與 UX 研究的相關人員共同進行。

舉辦技能盤點工作坊

如果想要分享關於 UX 研究的技能，ResearchOps 社群所召開的「技能工作坊」[*1] 也是一個好方法。我們致力透過這個學習工作坊分享 UX 研究實踐者之間的努力及成果，人們可以在此分享自己的實踐方式或想法，或是想要挑戰的事物。人們也能互相交流熟悉或經常運用的研究調查方法，因此可以引出諸如「常用手法的優缺點是？」等對話，讓人們興起試著實踐看看的想法，促成技能相關知識的交流。

*1：https://github.com/researchops/research-skills/tree/master/materials/

打造能與導師諮詢的環境

如果可能的話，讓 UX 研究實踐經驗豐富的人作為導師進行指導也是一種很有效的方法。如果組織中有這樣的人，不妨鼓起勇氣，超越部門和專案工作的限制，試著拜託他們。或者，也可以考慮向外部的專業人士請益。勇於分享自己在 UX 研究中所做的努力，透過有效傾聽與輔導，可以讓我們細數與盤點相關實踐知識。當然，我們也可以請外部合作夥伴共享實踐知識。筆者曾經與數家公司合作，進行了關於 UX 研究的經驗分享與指導。在我的客戶中，有人快速習得了 UX 研究的相關技能，在他們的組織中開始扮演教學者的角色。在和這些人們的討論交流中，筆者也經常體驗到恍然大悟或茅塞頓開的時刻，彼此都獲得了非常寶貴的學習經驗。

向組織外的業界進行交流

在 UX 研究中，受訪者個資和與未公開的業務情報等需要小心處理的資料非常多。人們也許會認為很難向外界分享關於 UX 研究的實務經驗，話雖如此，我們還是可以分享 UX 研究的「流程」。事實上，在聽過來自各行各業的 UX 研究員的經驗分享後，我們發現，即使業務領域和實際情況有所不同，在實踐 UX 研究的過程中遇到的困難之處其實相差無幾，而這些困難不需要具體的研究數據就能讓人產生共鳴。分享關於 UX 工作流程中所獲得的知識及經驗，可以超越個別的組織框架，促進彼此交流學習，這也有助於提升全體業界的 UX 研究品質與效率。此外，我認為「最流行的資訊會聚集在情報發源地」，因此為了獲得最貼近產業脈動的資訊，致力分享知識經驗也是很有意義的事。

接下來我將介紹如何與組織外的業界進行交流，包括實際上由筆者本人籌辦，提供 UX 研究實踐者互相交流的活動和社群。

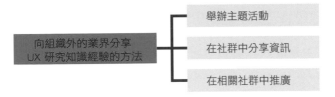

向組織外的業界分享
UX 研究知識經驗的方法
- 舉辦主題活動
- 在社群中分享資訊
- 在相關社群中推廣

舉辦主題活動

我們可以舉辦一次性或定期的主題活動，分享關於 UX 研究的經驗與知識。例如根據每一次的主題，邀請講者進行分享，或者舉辦學習工作坊。

「UX BIG BANG」是由筆者本人主辦的一項活動。這個活動以小組討論為中心，幫助身處各個業務領域致力於 UX 研究的人員彼此交流，分享各自的心得與經驗，因此吸引了 UX 研究、PM、設計師等多元職位的 UX 研究實踐者。我期許這個活動能成為來自多元背景的人分享工作經驗，互相學習並成長的場所。到目前為止，我們討論過的主題包括，分享國外論壇或交流大會的心得經驗、介紹案例研究，以及展開 UX 研究時可能遇到的困難等等。除此之外，我們也曾討論過如何根據研究目的選擇適當的調查方法和工具、選擇錯誤方法或工具的失敗經驗、或者在各行各業中（如 B2C、B2B 等）實施 UX 研究的差異等等話題。透過這些交流，我才有機會瞭解不見得是能在自身組織或團隊中接觸到的知識分享，也瞭解了從業同行們的共通煩惱與實踐經驗。

在社群中分享資訊

在社群中分享資訊，是指讓對 UX 研究感興趣的人聚集在一起，持續經營這個社群，促進彼此的對話交流。與舉辦主題活動相比，這是由社群成員自主決定討論主題的方式，特色是社群成員之間的連結更加緊密。

像 UX 研究這樣尚在成長階段的行業，尚且很難在單一組織內形成社群。筆者認為在這種情況下，跨組織的社群型資訊交流非常重要。基於這個想法，我投入實際的社群經營，聚集志同道合的 UX 研究實踐者。以持續進行 UX 研究的人為中心，我們在定期舉辦的學習會中討論實踐 UX 研究時經常出現的難處，互相砥礪、教學相長。目前為止，我們討論過 UX 研究員的職涯發展路徑、關於 UX 研究員的評價、招募與採用、提升專業能力等多樣化的主題。

在我們的社群中，以 Slack 作為訊息交流工具，讓人們也能以非同步的方式獲得情報。將即時討論與非同步交流兩相結合，可以促進社群持續互動，並且進行深入的討論。這些多元而積極的討論為 UX 研究員提供正向刺激，幫助人們累積專業能力，為職涯發展提供更多思考面向與機會。

在相關社群中推廣

在志同道合的圈子裡舉辦主題活動，經營互動緊密的社群是一種有效的資訊交流方式。另一方面，此時資訊流通的範圍也變相地侷限在同個圈子裡。因此，不妨考慮一下更廣泛向外傳遞資訊的方法。

在有更多人聚集的地方（例如 UX 設計社群），主動申請成為講者，分享關於 UX 研究的話題。或者在以產品管理為主題的研討會或講座中，也可以針對 UX 研究相關話題進行分享。這些活動大多會提供講義或影片紀錄，可以作為日後非同步交流時的參考資源。

在相關社群中推廣 UX 研究的資訊，可以向擁有「雖然自身沒有進行 UX 研究但很感興趣」、「想和 UX 研究員一起合作」、「雖然聽說過『UX 研究』但是不知道詳情」等想法，來自不同職位的人們進行交流。另外，致力向組織外部分享關於 UX 研究的實務經驗或心得，從結果來看，可能會讓位處同一組織，但平時沒有直接交流機會的人們也接觸到相關資訊，進而產生興趣，願意接觸或深入瞭解 UX 研究。

其他方式還包括撰寫部落格文章，無論是在個人部落格或是由公司經營的網站發布文章，都是傳遞資訊的好方法。事實上，向外界分享資訊，引起人們對於 UX 研究的興趣，也是這本書的創作契機之一。當時筆者（松薗）在社群媒體上嘟嚷著「真想寫一本關於 UX 研究的實踐指南」，結果被編輯看到，進而收到了創作邀請。像這樣，豐富的資訊和無數的機會就聚集在資訊交流之處。請讀者們也勇敢地挑戰一下吧！

向組織外的業界
進行交流

在組織內部分享
實踐經驗與知識

分享實踐UX研究的經驗知識，促進學習與交流 &
在資訊交流之處獲得時下流行的情報與機會

本章回顧

☐ 在組織內公開 UX 研究流程和資料，與人們一同點評琢磨，增加總結實踐知識的機會。

☐ 在組織之外，致力於活動型、社群型的資訊交流，促進實踐知識的共享。

☐ 因為「資訊聚集在發布之處」，請試著鼓起勇氣分享資訊。

本書的創作被取名為「Meta UXR 專案」，也就是對 UX 研究「本身」進行調查的專案，至今規劃並實施了好幾次調查。

首先，出於探索的目的，我們舉辦了一場工作坊，募集剛開始接觸 UX 研究的人參與，瞭解這些人在研究調查過程中遇到過哪些困難或煩惱。接著我們對這些資料進行分析，將觀察與見解作為本書的創作素材。

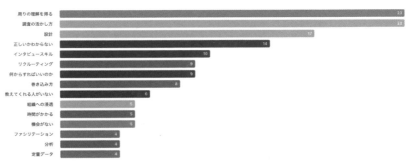

對 UX 研究的困難或煩惱進行分析

接下來，為了進行驗證，我們在 stand.fm 中經營一個名為「Meta UXR channel」的 Podcast 節目。stand.fm 的「信件」功能不僅可以讓我們發佈信件，還可以從聽眾那裡獲得感想和問題。我們按照本書目錄架構，公開了一部分正在創作中的內容，因此在本書出版前就收到了各式各樣的感想。另外，每一回 podcast 節目的播放次數也可以作為數據分析，因此很容易瞭解哪些主題或內容會讓人產生興趣。有興趣的讀者們，歡迎你們到 stand.fm 上收聽。

另外，為了建立可以持續 UX 研究的機制，我們還建立了 Meta UXR 專案的線上社群。在這裡，人們可以分享自己的研究計畫或調查方法，向其他成員請益指點，獲得回饋。如果把這本書視為一種服務，在執筆創作時，對假想讀者進行調查是一件很自然的

事情。有許多人因為參與了這些調查為，持續為我支持打氣，這是一本和使用者共同創作而成的心血結晶。

Meta UXR channel（https://stand.fm/channels/5efab09136e4dd5a2d1e26d4）

附錄

本書收錄在實施 UX 研究時的實用範本，歡迎各位讀者下載取用。

> 下載連結
> http://books.gotop.com.tw/download/ACU083700

● **研究計畫書（調查企画書）**

這是研究計畫書的製作範本。

● **使用者訪談指南**

這是使用者訪談的訪綱範例，可自行調整說明事項或問題內容。

● **可用性測試指南**

這是可用性測試指南的範例，可自行調整說明事項或問題內容。

● **概念表**

這是概念表（concept sheet）的範本，歡迎自行增減文字、照片或圖例。

● **UX 研究清單**

這是可以綜觀整理過往 UX 研究的表格範本，可以在表格中輕鬆附上各工作指南、紀錄等文件的參考連結。

● **篩選用問卷**

這是募集受訪者時的篩選用問卷範本，可自行增減問卷中的問題。

● **記錄表**

這是可在使用者訪談等調查活動中用來紀錄內容的範本。

● **線上社群指南**

這份文件整理了一些線上社群的相關資訊，如有變更或廢除的情況，恕不另行通知。

後記

讀完本書，實踐 UX 研究的印象是否在你的腦中變得更清晰呢？在剛開始接觸時，稍有不順或失利在所難免。請把正因為動手實踐了才能領略的學習心得，活用到下一次的實踐中。接著，為了和使用者一起繼續創造有價值的服務，一步一步地增加一起進行 UX 研究的夥伴，致力推廣 UX 研究文化，更加完善機制與環境。

相較於探究學術上的理論背景，或是跟風最新穎的理念主張，本書更加聚焦在如何實踐 UX 研究。正因為如此，本書也有特意略過不提的地方。UX 研究的相關領域既廣泛又深入，本書介紹過的任何方法，市面上存在好幾本專門探討論述的著作，相關研究也日新月異，每天都有所進展。當你持續進行 UX 研究時，也可以將目標訂為提升專業能力與知識。例如，透過閱讀本書介紹的參考文獻，可以加深你對各研究方法的理解，瞭解各方法的理論主張、背景脈絡與適用情況。試著實踐一下從前人的智慧中學到的東西，在你自身的工作情境中讓理論和實踐相輔相成，拓展你對 UX 研究的認知與見解，讓 UX 研究的內容更加豐富多元。

假如本書能為讀者開啟實施 UX 研究的契機，歡迎各位在 Twitter 等社群媒體上以 # はじめての UX リサーチ（# 第一次的 UX 研究）這個 hashtag，分享你所做的嘗試，以及從實踐中得到的心得體會。你的學習經驗能夠成為某人的參考，進而擴大 UX 研究圈子的影響力。另外，我將本書線上社群的網址連結放在附錄中，作為 UX 研究的實踐者之間相互聯繫的交流場所。我期待能透過以上任何形式與讀者們進行對話，一起交流關於 UX 研究的實踐！

最後，衷心感謝為本書提供建議的人們、參與 Meta UXR 專案的人們、編輯與設計本書的人們、共同致力於「All for One」UX 研究的 Merpay 成員們，以及協助 UX 研究的各位使用者，在此致上我最深的敬意，感謝各位。

作者簡介

松薗美帆　Merpay UX 研究員

畢業於國際基督教大學教養學部，主修文化人類學。畢業後進入日本 Recruit Jobs 公司，從事人才招募方面的數位行銷及專案管理工作。後轉職至 Recruit Technologies 公司，參與創立 UX 研究小組。2019 年起至 Merpay 擔任 UX 研究員一職，致力於規劃新創事業與制定 UX 研究架構。目前為北陸先端科學技術大學博士前期課程的在職學生。

草野孔希　Merpay UX 研究員

取得日本電氣通信大學碩士學位後，進入通訊事業相關企業的研究院，從事設計方法論的研究或是應用研究洞察的顧問工作。同時於慶應義塾大學以在職學生身分攻讀系統設計與管理博士後期課程。2018 年 11 月起至 Merpay 擔任 UX 研究員一職，致力於在服務設計中應用 UX 研究結果，以及 UX 研究團隊的管理工作。

- 本書設計、製圖　　宮嶋章文
- 排版　　　　　　　BUCH ＋
- 編輯　　　　　　　関根康浩

實戰 UX 工作現場｜創造更有價值的產品與服務

作　　　者：松蘭美帆 / 草野孔希
設計、製圖：宮嶋章文
排　　　版：BUCH ＋
編　　　輯：關根康浩
譯　　　者：沈佩誼
企劃編輯：莊吳行世
文字編輯：詹祐甯
設計裝幀：張寶莉
發　行　人：廖文良

發　行　所：碁峰資訊股份有限公司
地　　　址：台北市南港區三重路 66 號 7 樓之 6
電　　　話：(02)2788-2408
傳　　　真：(02)8192-4433
網　　　站：www.gotop.com.tw
書　　　號：ACU083700
版　　　次：2022 年 07 月初版
建議售價：NT$450

國家圖書館出版品預行編目資料

實戰 UX 工作現場：創造更有價值的產品與服務 / 松蘭美帆, 草野孔希原著；沈佩誼譯. -- 初版. -- 臺北市：碁峰資訊, 2022.07
　面；　公分
　ISBN 978-626-324-230-2(平裝)
　1.CST：工業設計　2.CST：系統設計
440.8　　　　　　　　　　　　　　111009279

讀者服務

● 感謝您購買碁峰圖書，如果您對本書的內容或表達上有不清楚的地方或其他建議，請至碁峰網站：「聯絡我們」\「圖書問題」留下您所購買之書籍及問題。(請註明購買書籍之書號及書名，以及問題頁數，以便能儘快為您處理)
http://www.gotop.com.tw

● 售後服務僅限書籍本身內容，若是軟、硬體問題，請您直接與軟、硬體廠商聯絡。

● 若於購買書籍後發現有破損、缺頁、裝訂錯誤之問題，請直接將書寄回更換，並註明您的姓名、連絡電話及地址，將有專人與您連絡補寄商品。